2018年度日本建築学会設計競技優秀作品集

住宅に住む、そしてそこで稼ぐ

CONTENTS

作品集の刊行にあたって

日本建築学会は、その目的に「建築に関する学術・技術・芸術の進歩発達をはかる」と示されていて、建築界に幅広く会員をもち、会員数3万6千名を擁する学会です。これは「建築」が“Architecture”と訳され、学術・技術・芸術の三つの分野の力をかりて、時間を総合的に組み立てるものであることから、総合性を重視しなければならないためです。

そこで本会は、この目的に照らして設計競技を実施しています。始まったのは明治39年の「日露戦役記念建築物意匠案懸賞募集」で、以後、数々の設計競技を開催してきました。とくに、昭和27年度からは、支部共通事業として毎年課題を決めて実施するようになりました。それが今日では若手会員の設計者としての登竜門として周知され、定着したわけです。

ところで、本会にはかねてより建築界最高の建築作品賞として、日本建築学会賞（作品）が設けられており、さらに1995年より、各年度の優れた建築に対して作品選奨が設けられました。本事業で、優れた成績を収めた諸氏は、さらにこれらの賞・奨を目指して、研鑽を重ねられることを期待しております。

1995年より、本会では支部共通事業である設計競技の成果を広く一般社会に公開することにより、さらにその成果を社会に還元したいと考え、作品集を刊行することになりました。

この作品集が、本会員のみならず建築家を目指す若い設計者、および学生諸君のための指針となる資料として、広く利用されることを期待しています。

日本建築学会

あいさつ

2018年度 支部共通事業　日本建築学会設計競技

「住宅に住む、そしてそこで稼ぐ」

事業理事
赤松 佳珠子

2018年度の設計競技の経過報告は以下の通りである。

第1回設計競技事業委員会（2017年8月開催）において、山本理顕先生（山本理顕設計工場代表取締役／名古屋造形大学学長）に審査委員長を依頼することとした。2018年度課題は、山本審査委員長より「住宅に住む、そしてそこで稼ぐ」の提案を受け、各支部から意見を集め、それらをもとに設計競技事業委員・全国審査員合同委員会（2017年12月開催）において課題を決定、審査委員7名による構成で全国審査部会を設置した。2018年2月より募集を開始し同年6月25日に締め切った。応募総数は282作品を数えた。

全国1次審査会（2018年8月2日開催）において、各支部審査を勝ちのぼった支部入選70作品を対象として、全国入選候補12作品とタジマ奨励賞10作品を選考した。全国2次審査会（2018年9月4日開催）は、建築学会大会の開催された東北大学にて、公開審査会として行われた。大会会場での公開審査会は今回で17回を数える。熱心なプレゼンテーションと質疑審議が行われた審査会は大会参加者による多数の参観を得ており、会員に開かれた事業として当設計競技に大きな関心が寄せられている証でもある。審査会における各応募者のプレゼンテーションはきわめて高い水準であった。

総評

住宅に住む、そしてそこで稼ぐ

審査委員長
山本 理顕

「住宅に住む、そしてそこで稼ぐ」というテーマは難しいテーマだったと思います。今の住宅は単にプライバシーを守るために設計されているからです。私たちはそうした住宅に長い間住み慣れてきただけではなく、そうした住宅を設計し続けてきた当事者だからです。プライバシーを守るためだけのために住宅は経済活動から最も遠い空間だったのです。

住宅に住みながらそこで稼ぐとはどういうことでしょう。経済活動に参加することです。といってもサラリーマンとして会社に行って給料をもらうとういうような賃労働ではなくて、となりの人や地域社会の人たちと関わり合い、それがどんなにささやかな経済活動であったとしても、その地域社会に貢献することのできるような経済活動です。

1. 最優秀賞になった「農蜂による住循環」はその趣旨を良く理解していた作品です。

蜜蜂の行動範囲が100mほどだという生態系を手がかりにして、一つの地域社会圏をつくるというアイデアはとても魅力的です。名古屋の堀川沿いに、その環境を利用しながら新たな職住一体の住宅をつくる、生態系と共にその風景をとても魅力的に表現したと思います。名古屋に今までにない全く新たな観光地ができると思います。建築的な提案、そしてプレゼンテーションが秀逸でした。

2. 「減算集落」は横浜の子安浜の救済計画です。

子安浜は、かつては東京湾を漁場とする重要な漁業拠点でした。それが、その子安浜の真上に高層道路を通すという暴挙ともいえる都市計画によって、壊滅的ダメージを受けることになってしまったのです。美しかった景観も壊され、漁業も衰退してしまいました。今の住宅の一部をスケルトンだけ残して壁を取り払う。そこに予め用意された階段やオーニングやテラスなどの部品を取り付けることによって、新たな環境を作り出そうという試みです。考え方は面白いと思いました。

最終的に建築空間はどうなるのか、その肝心のところが表現されていない、気になった所です。

3. 「生産緑地利用による農村都市形成のケーススタディ」は、リアリティーという意味では最も良くできた作品です。リアリティーの根拠は調査能力です。「生産緑地法」は2022年に見直されることが決まっています。そのために大量の土地が売りに出されるというのです。よく調べたなあと思いました。生産緑地は今後の都市の中でどのように生き残ることができるのかというテーマはとても現実的なテーマです。この生産緑地を地域社会の核にすることによって、新たな“地域社会圏”をつくるという提案です。当日の発表も極めて手際が良くて、何度も練習したんだろうなあということがよく分かりました。唯一残念だったのは強い建築的提案がなかったことです。これだけ調査をしたんだから、今こそ新しい建築をつくる絶好のチャンスだったのに。

4. 「まちを灯す暮らし」は着眼点が秀逸でした。

郊外の戸建て住宅団地の風景はあまりも寂しい。それがアイデアの発端だったのだと思います。そこで、この専用住宅の玄関口を工夫した。外に向かって開放したのです。夜はここに明かりが灯されて、前の道路も明るくなる。さらにそのガラス張りの玄関部分をギャラリーにしたり、あるいはカフェにしたり、小さなお店にしたり、などという活動に住民の人たちが積極的に参加してくれたら、住宅団地は一気に変わります。「地域社会圏」における経済活動は単に金銭的な利益ではなく、住民同士が互に助けあう環境をつくります。その絶好のモデルになる可能性を持ったアイデアだと思います。

5. 「街を巡る『ちゃんぽん建築』」、気持ちは分かる!

ロン・ヘロンのWalking Cityよりも遙かにリアリティーがあると思って一瞬納得されてしまいそうになった。でもさあ、なんで動かなくちゃならいんだ。

長崎の路面電車を連結したような建築群をつくって、街の中の周回路線で、それをそのままぐるぐる動かしてしまおうというアイデアです。動いていることが感じられない程度にゆっくり動く、とはいっても動いているわけだから、お客さんが二週間後に行ったら、お店の位置も変わってしまっている訳だから、使う人の側に立てばかなり不便。というよりも動くことの意味が納得できない。路面電車が走っていたような広い道路にこうした都市施設をつくるというのは、面白いアイデアだと思います。車を街から排除して、歩行者のために復活するためだとしたら可能性があるように思います。

リアリティーという側面に対してもっと気を遣ってください。この自分たちのアイデアは本当にリアリティーがあるか?　この建築は本当に実現可能か。どのようにしたら共感してもらえるか。そこを考えてください。

そのためには、

① 美しい建築作品であること。「農蜂による住循環」はそれに成功していました。

② 今の建築のつくられ方はどこかおかしい、その“おかしい”ということに気付くこと。「まちを灯す暮らし」はそこに気付いていました。

③ 今の社会の仕組みは何か変だ、そこに着目すること。「生産緑地利用による農村都市形成性のケーススタディ」の人たちはそこに着目しました。

④ 私たちの提案は実現可能である、それを信じて、それを共感してもらう謙虚さをもつこと。共感してもらうためには、緻密に緻密に!　自分たちの提案をさらに見直す勇気を持つこと。「ちゃんぽん建築」の人たちに欠けていたのがそこでした。

全国入選作品・講評

最優秀賞
優秀賞
佳作
タジマ奨励賞

支部入選した70作品のうち1次審査・2次審査を経て入選した
12作品とタジマ奨励賞10作品です
（4作品は全国入選とタジマ奨励賞の同時受賞）

タジマ奨励賞：学部学生の個人またはグループを対象としてタジマ建築教育振興基金により授与される賞です

最優秀賞
タジマ奨励賞
25

農蜂による住循環
～ニホンミツバチを媒体とした地域コミュニティの再生～

駒田浩基　崎原利公
岩﨑秋太郎　杉本秀斗
愛知工業大学

CONCEPT

現在の買い、消費するだけの生活に違和感を持った。
私たちの生活は自分たちだけで成り立っているわけではない。
生物と共存することで人は生活していくことができる。
本提案ではニホンミツバチを媒体とし、自然と生態系を稼ぎながら様々な生物の生態系と人の生活が交わることで相互に関係しあい、豊かな生活を作り出す。
ニホンミツバチが人工河川を巡っていくことで都市の中に緑と生態系が広がる
新たな風景を創造する。

支部講評

作品のいくつかは、稼ぐ職種が既製概念にとらわれているものがあった。集まって住むことによるコミュニティが図られるような装置がなく、保育園、民泊、飲食店といったものは、稼げるかもしれないが店舗付き住宅の域を出ていない。一方でその装置はあっても、稼げるのか疑わしい経済活動もあった。
この作品は、川床の様な川に張り出した床があり、舟での交通が可能で、川沿いに農作物と蜂によってはちみつを生産して売り、稼ぐ仕組みとなっている。書き込みが密であり努力の跡が見える作品である。ただし、蜂が川沿いに集まってくるように、大雨で増水した時の建築物を壊れないようにする工夫が必要ではある。

（伊藤俊一）

全国講評

都市で養蜂と農業を生業にした環境共生型の生活を描いた提案である。蜂を媒介にして、住まい、6次産業を中心とした仕事、水辺や緑といった環境が有機的に結びつくというアイデアに独創性が見られた。この提案には強いメッセージ性があり、人々の暮らしを生態系の循環の中に位置づけようとする意志を感じた。農蜂は、住まいや仕事、環境を媒介するある種の象徴にもなっている。6次産業を中心とした経済活動を生態系の中に組み込むという挑戦的な試みとの解釈が可能で興味深い。蜂の行動半径である100m以内の領域をひとつのユニットとしてコミュニティを構成するというアイデアは魅力的であるが、この仕組みが機能するということが説得力をもって示されていればさらによい提案になっていただろう。6次産業の川上から川下までのサプライチェーンとユニットの対応や関係性がより明確に描かれているとよかったのではないだろうか。本提案で示されている「コミュニティの受粉」という概念は重要である。生態系のネットワークを利用してコミュニティをつなぐというアイデアであり、提案が一つのコミュニティから拡大していく方法論として魅力的である。ここでも、背後に生じる経済活動を丹念に描いていくことが求められる。総じて、粗さはあるが大きな可能性を感じる優れた提案であった。

（松行輝昌）

優秀賞 13

減算集落
－減築による経済圏の創出と振る舞いの継承－

東條一智　木下慧次郎
大谷拓嗣　栗田陽介
千葉大学

CONCEPT

漁業が衰退し、現在は荒廃した木密地域である子安の街に対し、減築による経済活動の場の挿入を提案する。住民が自らの住居を減築して生まれた空間を新規生活者が賃貸・共用し、その利益から経済循環が成立する。カタログ化された減築手法により漁村特有の空間性は継承されつつも、機能に準じて住民が空間を自由にカスタマイズする。余白空間のまとまりがコミュニティを形成し、街は自立した経済圏として新たな姿へ変わっていく。

支部講評

産業が衰退した歴史が最小限の操作によって新たな生産構造に置換される知的な案である。子安浜の小漁村を想定した作者の感も成功している。減築方法を類型化し、その組み合わせを「稼ぐ」方法にパッケージして個別の住民の事情による既存住宅の改修に適応するまで順序立てて考えられている。一方で、減築の結果として現れた平面図や構造体が、新築でないと出来ない、あるいは新築した方が安価なように見える点が気になった。それは同一の既存住宅に類型化された減築を複数適応する際の施工プロセスや、想定した設計順序が何らかの理由で戻される場合への考えがないことに起因する。しかし、「稼いで住む」ヴィジョンには十分に応えた案である。

（渡邊大志）

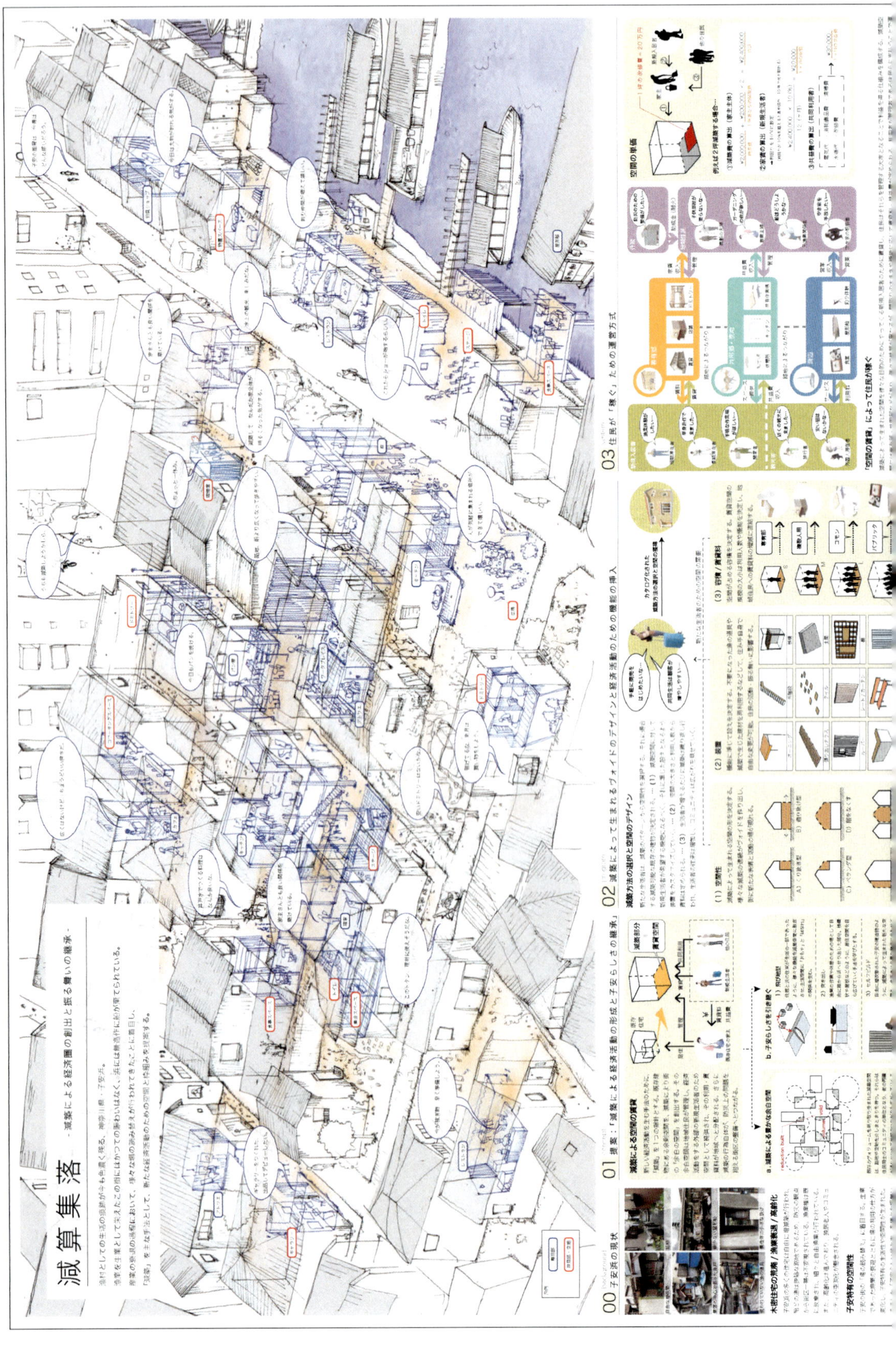

全国講評

子安は、漁業をおもな生業とする集落をつくっていた。しかし、漁業は衰退し、木造家屋が密集する子安のコミュニティは高齢化した。計画案の狙いは、この街に対し、減築による経済活動の場を挿入しようとするところにある。減築という技法をていねいに検討し、街を再生に導く有機的な手段として位置づけたことが、高く評価される。既存建物の余剰空間の減築によって、「余白の空間」が生まれる。その賃貸は、新規生活者を呼び込み、住民に賃料をもたらす。減築は、街の建築密度を下げ、防災効果を生む。計画案の特徴の一つは、空間の減らし方、設えに必要な装置、建築・共用部・空地・海辺の運営方式などをパターン化し、減築まちづくりの手法の豊富さを示した点にある。くりぬき型、通り抜け型、空き地型といった減築の型、外階段、ルーバー、張り出しテラスなどの装置、ドミトリー、休憩所、食堂などの運営方式が提案された。これらのパターンをもつことで、街の変化に対し、ある程度の秩序を与えることが可能になる。さらに、減築から生まれた空隙が連担し、街区の「表」と「裏」に小広場、店舗、共同菜園などが生成する様相が描かれた。これは、「余白の空間」と街の関係がどのように変わるのかについての豊かなイメージを示した点で、印象に残った。一方、海辺の空間をどう再生するのかに関し、もう少し踏み込んだ考察と提案があれば、この計画はより素晴らしいものになったと思う。

（平山洋介）

優秀賞
タジマ奨励賞
20

SETAGAYA RURBAN APARTMENT

生産緑地利用による農村都市形成のケーススタディ

松本樹　横山愛理
平光純子　久保井愛実
愛知工業大学

CONCEPT

2022年、都市部では生産緑地の指定解除を受けた土地が市場に出回り、収益性重視のアパートやマンションが大量供給される。人口減少社会において、大量生産型の供給システムに疑問を感じる。住宅は稼ぐこと、環境配慮のための「耕す」場所からも切り離されようとしている。本提案では、生産緑地の宅地化の影響を受ける世田谷区に着目し、既存制度を精査することで生産緑地を中心とした持続可能なコミュニティが広がる風景を提示する。

支部講評

「2022年問題。」世の中の流れを汲み取り、30年間世田谷に存在し続けた生産緑地という歴史を、そして、今ある風景を継承しながら、コミュニティーの集合体を提案している案である。計画の中心が農作物であることから、自然環境との調和を意識した配棟であったり農的工作物の抽出にも納得させせられる。「住みながら耕し稼ぐ暮らし」は、人々のコミュニティが上手く関連付けられており、世代を超えた生活がこの地で行われるのを簡単に想像する事が可能だ。また、一つの敷地で構築された生産と消費のサイクルは完結されており、「そしてそこで稼ぐ」の課題には十分に応えた案となっていると思う。

（浜田晶子）

SETAGAYA RURBAN APARTMENT
生産緑地利用による農村都市形成のケーススタディ

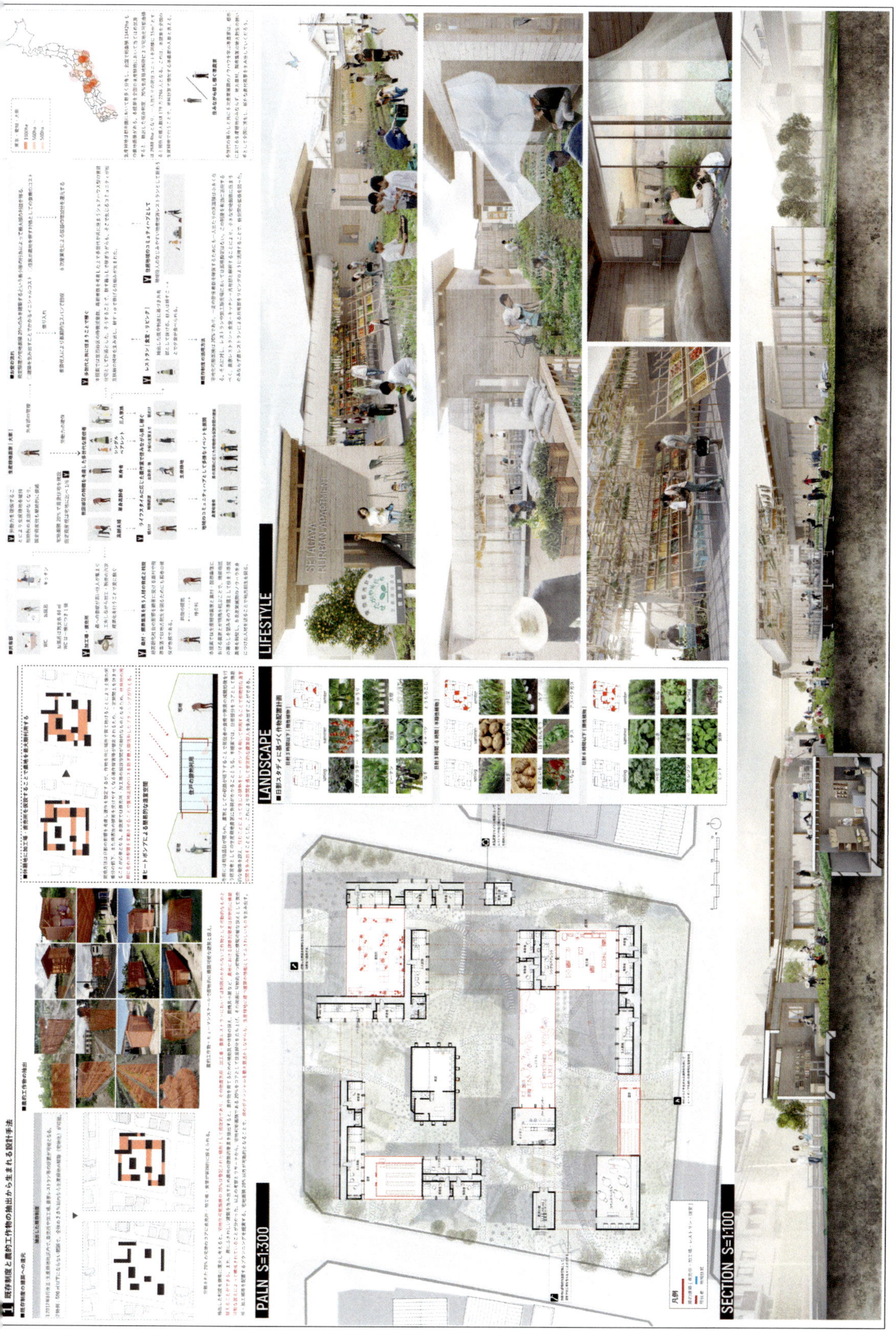

全国講評

都市部における希少な農地である生産緑地は、公害・災害防止、農林漁業と調和する都市環境の保全等に寄与する農地を計画的に保全するため生産緑地法のもと行政より指定を受けた農地であるが、一方で都市圏の住宅不足により市街地内農地の宅地化を促すための課税や30年間の営農義務化により都市農家に負荷を与えており、今後の営農継続が危ぶまれるとともに開発圧力による宅地化に伴う損失が懸念されている。

本作品は、このような課題を抱える都市内生産緑地を対象とし、既存制度の活用を図り、新規居住者を呼び込みながら生産緑地に居住し、耕作し、稼ぐ賃貸住宅のプロトタイプの提案を試みている。また、安定的な賃貸収入とともに飲食店舗を併設させ経済圏から切り離された住居地域に生産緑地を活かした小さな6次産業圏として新たなコミュニティハブの形成も企図している。

課題の本質をとらえるための情報収集と分析、そして提案に向けた制度面や作物の生育特性と農環境に関する精緻な分析に基づく裏付け、大家を含む多様な住み手が居住しながら耕し稼ぐイメージと居住メリットが明確であり提案の完成度が高いことが評価できる。

惜しむらくは建築デザインにもう少し工夫がみられるとより魅力的なプロトタイプとなると思われるが、都市農家の抱える根本的な問題を生産緑地に住むことで解消し、宅地化され目先の利益を追求した住戸プロトタイプとしての可能性を感じさせる作品である。

（鶴崎直樹）

優秀賞 41

まちを灯す暮らし

堀裕貴　新開夏織
冀晶晶　浜田千種
関西大学

CONCEPT

住宅内から漏れる生活の灯が道を照らす事で、住民が街灯代としてお金を稼ぐ仕組みを提案する。暮らすという行為が直接お金を稼ぐ事になり、住宅が街に貢献し、今まで消費の場所であった住宅が街の光を生産し始める。
そして灯を稼ぐことをきっかけに住宅が積極的に街に開かれ、地域のコミュニティを稼いでいく。
そうした暮らしの寛容さを取り戻した住宅が集合し、温もりある光の風景が生まれる。

支部講評

三田市のニュータウンを対象に、塀で囲われた閉鎖的な住宅が多く周囲と関わりが少ないという問題を改善するために住宅内部から道に漏れる灯を稼ぐツールとして住宅地の改善につなげる作品である。道に漏れる灯りの量によって地域からお金が支払われる仕組みであるので、個々の住宅が外壁の面積と透過率を工夫したり、地域全体として外壁後退の緩和を導入している。夜間の照明器具が稼ぐツールになるので住民の意識に訴えかけやすく、その結果開放的な住宅地に変えていくことも狙っている。
今回多くの作品は外から何かを導入することで「稼ぐ」ことを提案していたが、この作品では灯という内部から稼ぐ材料を導入した点を評価できる。併せて塀で囲われプライバシー感の強い住宅地を改善することにつながる点も評価した。

（松原茂樹）

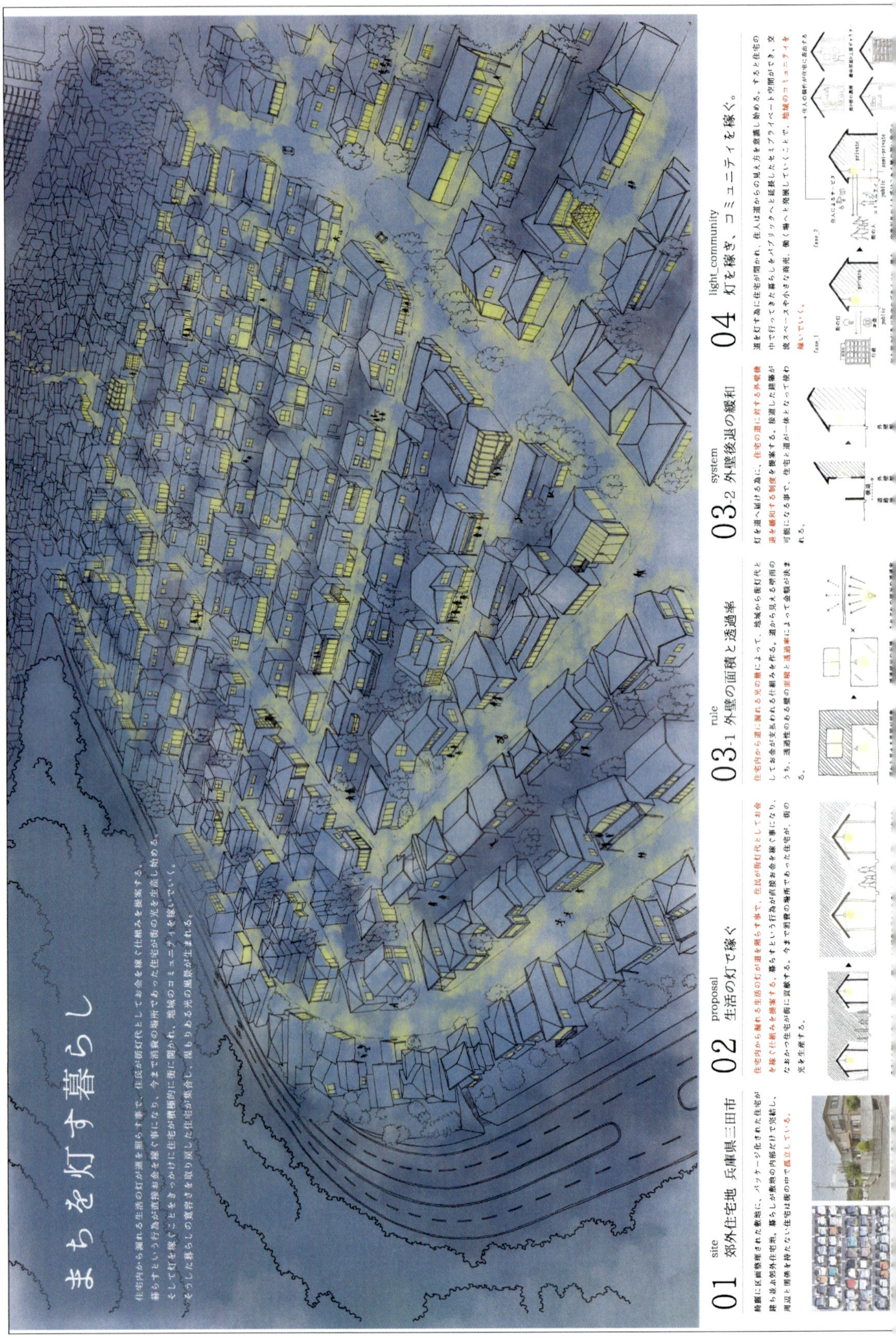

全国講評

シンプルな仕掛けでありながら、これからのまちなみに対して持続的で広がりのある効果を期待させる提案となっており、最後まで最優秀を争った案の１つである。

街灯ではなく、住宅から漏れる明かりによってほのかに道を照らすという提案は、それだけではポエティックでささやかなアイディアのように見える。しかしながら、道を照らすために外壁後退の緩和等のインセンティブを用意することで、住宅の建ち方の変化を生みだすことも考えている点が良い。現実的には、建蔽・容積率を緩和して増改築を誘導することも有効かもしれない。そのようなしかけによる変化に連鎖が起きれば、閉じたまちなみが道に対して開き応答する景観へと変化していくかもしれない。また、それをきっかけとして地域のコミュニティーが活性化し、さらなる変化を誘発することもあるだろう。街灯を無くすことによってまちなみまで変えることが出来るかもしれない。そのような可能性を見る者に「想像させる」魅力のある提案となっている。しかしながら、その可能性を実現させるための手法やオリジナリティのある建築的な提案、実現するであろう新たな景観などについては物足りなさを感じた。それらが具体的に提示されれば、さらに高い評価が得られたであろう。

（佐藤光彦）

優秀賞 69

街を巡る「ちゃんぽん建築」

髙川直人　樋口豪
鶴田敬祐　水野敬之
九州大学

CONCEPT

多様な文化を許容する街、長崎。江戸時代より「日本の窓」として機能してきたこの地域に、長崎の県民性である寛容さと地域のシンボルである路面電車の移動性、このふたつの性格が重なり合うことで生まれる様々なアクティビティが混ざり合う「ごちゃまぜ建築」を考える。
公衆の場を纏う大きな共生住宅を街中に循環させ、地域の様々な要素を取り込み、また、還元する、地域のインフラとして機能する長崎を表象する建築を提案する。

支部講評

多様な文化を許容し、江戸時代から「日本の窓」として栄えてきた街-長崎に特有な寛容さと、地域のシンボルである路面電車の移動性に着目し、性格の異なるこの二要素を重なり合うことによって、新たなアクティビティが混ざり合う「ごちゃまぜ建築」の提案は独特である。「日常生活行為を肥大化させた公衆の場」と「生活基盤と観光資源をミックスし、生活の延長に生まれる消費の場」を建築に落とし込むことで、公共空間を纏う共生住宅を街中に循環させ、地域の様々な要素を取り込み、そして還元するというような長崎を表象できる建築の提案はやや強引ではあるが、街を巡るダイナミックな提案として評価できる。

（趙世晨）

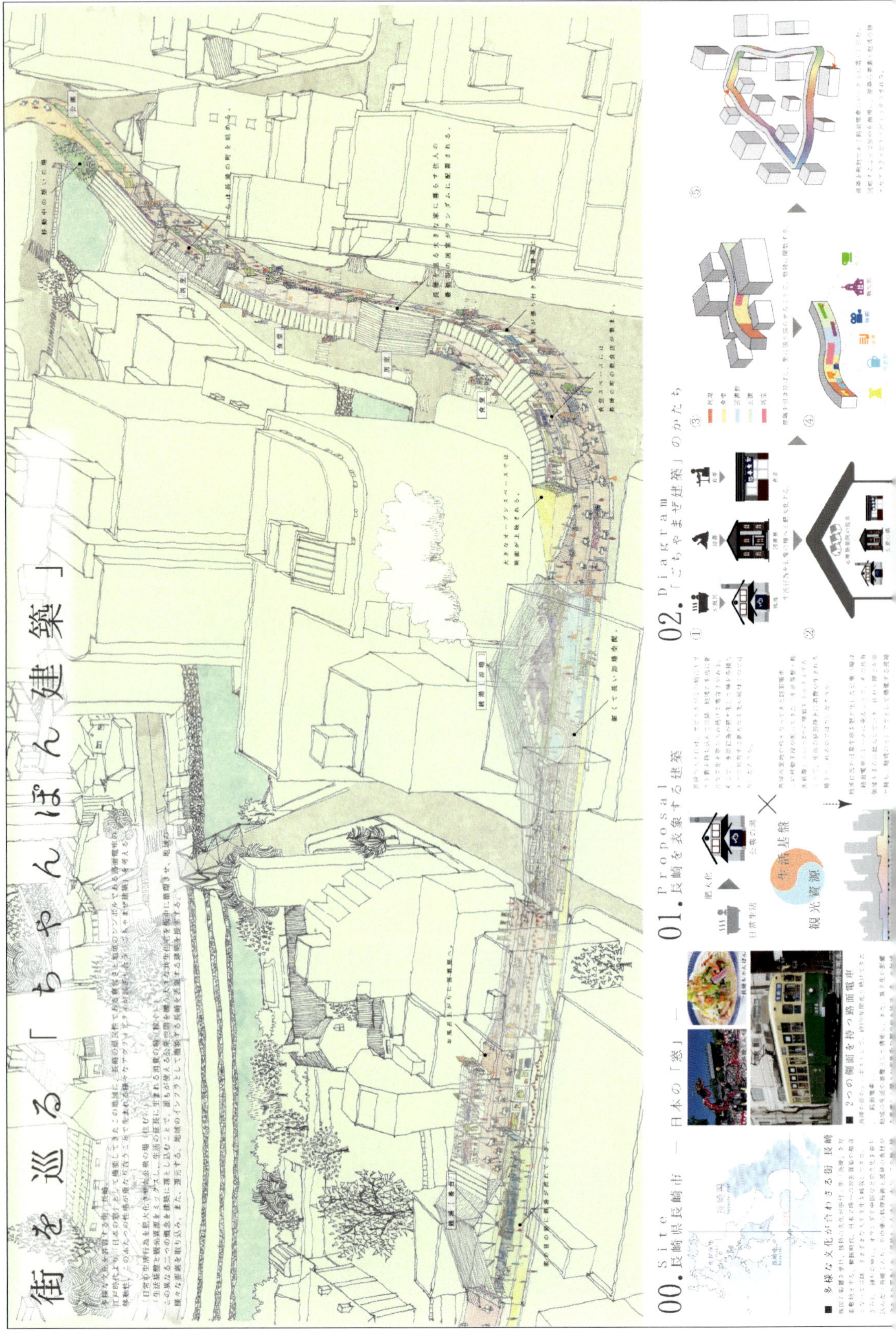

全国講評

果たしてこれは建築なのだろうか。路面電車の軌道をつかい、台車の上に銭湯や住居を乗せてゆっくりと街を廻る。法律的には建築ではなく車両だろう。食堂車、寝台車、温泉列車と考えれば少し現実味を感じる。この車両が動くスピードは時速2kmと説明されている。人や物を運搬するという機能に期待しているわけでもなさそうで、そのことがこの提案が建築なのか車両なのかを曖昧にしている。この提案をファンタジーだと切り捨てるのは簡単だろう。しかし一方でこれが本当にできたら、長崎には世界中から観光客がやってきて、何百年か経てば世界遺産にだってなるかも知れないというワクワク感がある。
この建物はぐるっと城壁のように長崎の中心部をとり囲んでいる。内と外の出入りはどうするのか、自動車は中に入れるのか、上下水やインフラはどう繋がっているのか。技術的な疑問も多々あるが、本質的には「何のために？」という疑問だろう。何もかもがスピードを上げて効率化が求められる時代にあって、時速2kmということに意味があるのかも知れない。
実際には、曲がる時に建物はどうなるのか、二つの軌道の内輪差をどう解消するのかなど、機械的あるいは建築的な提案が見えれば良かった。本気で取り組むとして、住民出資でこれを実現するのは難しいだろう。しかし世界中に出資を募れば、出資してくれる大金持ちがいないとも限らない。そういう視点での街づくりの可能性を示唆した提案だと感じた。

（高口洋人）

佳作 **14**

マルのウチ マルシェ・ア・ハウス

宮岡喜和子　鈴木ひかり　藤原卓巳
岩波宏佳　田邉伶夢
東京電機大学

CONCEPT

高層ビルが立ち並ぶ丸の内に「ちょっと住んでちょっと稼ぐ」新たな職住近接のカタチ"マルシェ・ア・ハウス"を提案する。人や情報を「知る」ことはネットワークを強化する。この"マルシェ・ア・ハウス"では，様々な繋がりを持つ複数拠点居住者や兼業者が行き交い，時間・空間・役割をシェアする。生産物の販売や情報発信，居住を通して多様な利用者が繋がり，血縁・地縁を超えた「知縁」による"知域コミュニティ"を創造する。

支部講評

丸の内の中心を貫く全長1.2kmの丸の内仲通りに提案されたシェアハウス。3m×3mのグリッド状に配置された柱とそこに掛け渡されたさまざまさサイズのスラブにより立体的な動線がネットワークされている。複数拠点居住・兼業者・生産協力者といったキーワードと共に"空間と時間と役割"がシェアされる利用形態がプレゼンテーションされている。建物が歩道に立地していることや仲通り全域にわたって分散配置された施設全体の規模などが審査会では議論になったが、この建物自体が持ち込まれた家具や備品との掛け合わせで成立するいわばストリートファニチャであり、作者のいう"ちょっと住んでちょっと稼ぐ"利用のイメージと重なり推薦案として残った。

（田村裕希）

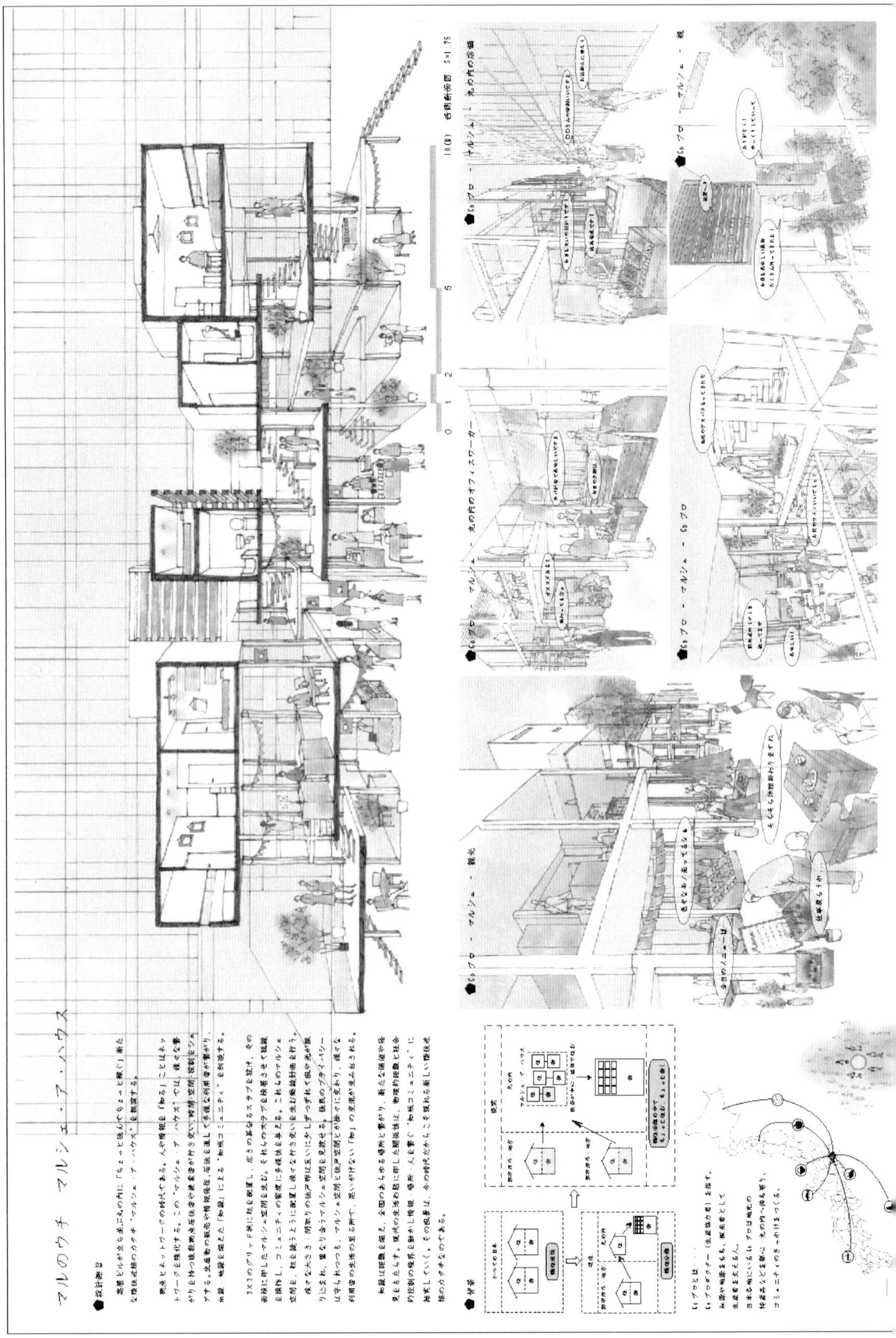

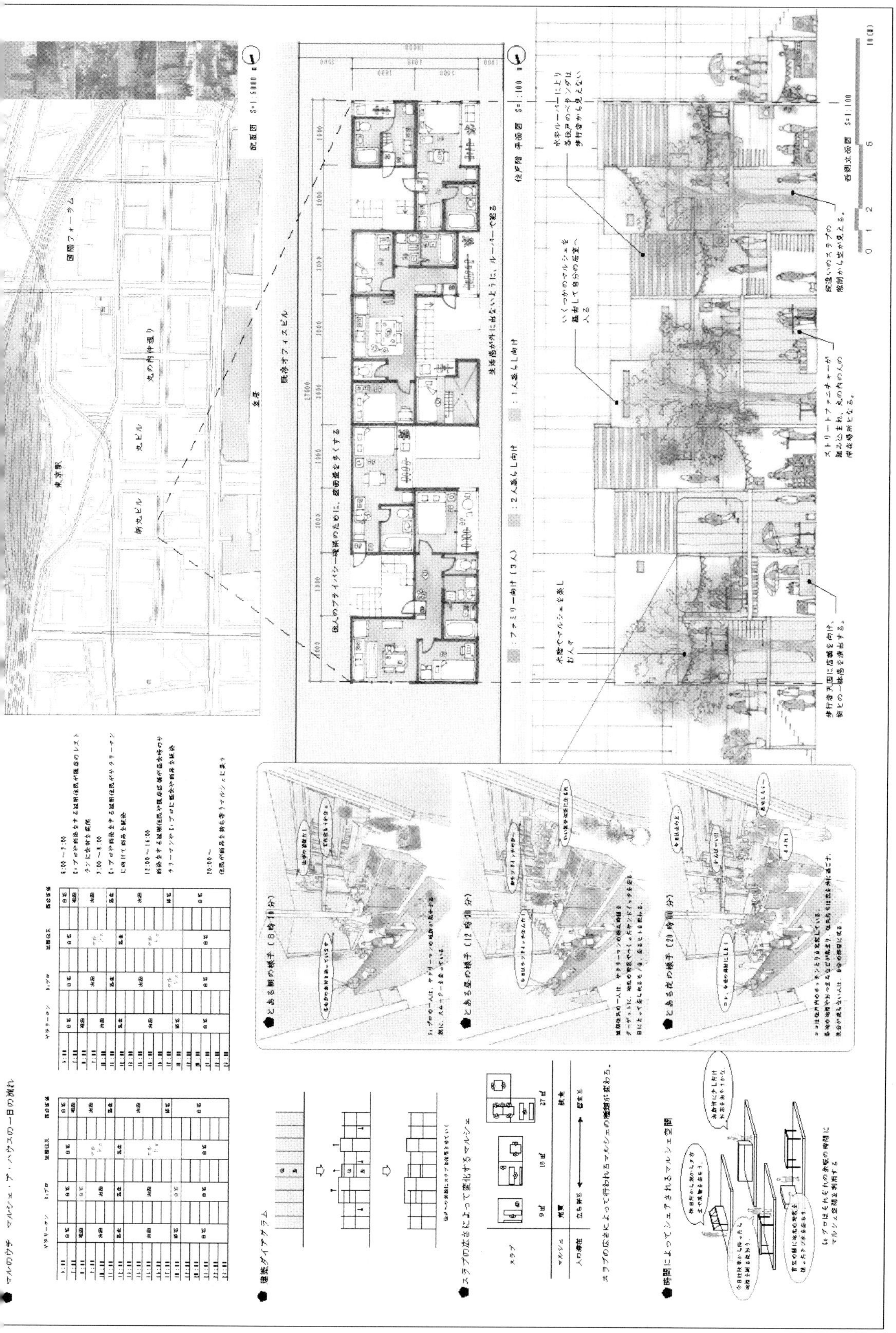

提案者のいう、「ちょっと住んでちょっと稼ぐ」には最もハードルが高い敷地が選定されている。日本を代表するビジネス街で地価賃料が最も高価なエリアで、新しいオフィス街としてタウンマネジメントも行われている。そこを敷地とする提案となればそれなりの批評性を期待したいところだが、残念ながらあまり感じられない。提案にあるような地方で伸びてきた商品を都心のアンテナショップに出すことは現実には珍しくない。そういう意味では現実的な提案なのだが、これでもって稼げるかとなると別問題だ。この提案の核は、建物を丸の内の街路に建築物という形で提案したことと、そこに居住機能をつけたことだ。立地が街路でなければ、空地での仮設、あるいはアトリウムの仮設店舗として、不動産会社のブランディング事業と考えればあり得なくはないが、恒設の単独事業としてはかなり厳しいのではないか。両側に高級ブランドショップが立ち並ぶなか、それらに挟まれどのような呼応が建築にあるのかも提案にはなく残念。確かにこのエリアに居住スペースはないので、そのことがセレンディピティを生む可能性は否定しないが、上からも下からも注目を浴びるこの場所で果たしてプライバシーの配慮など必要だろうか。むしろ開いてさらけ出すことで稼ぐことを追求すれば面白かった。間取りもステレオタイプなnLDKとなっており、主旨にふさわしいか疑問。

（高口洋人）

佳作 18

未来を稼ぐ水庭

田口愛
木村優介
宮澤優夫
愛知工業大学

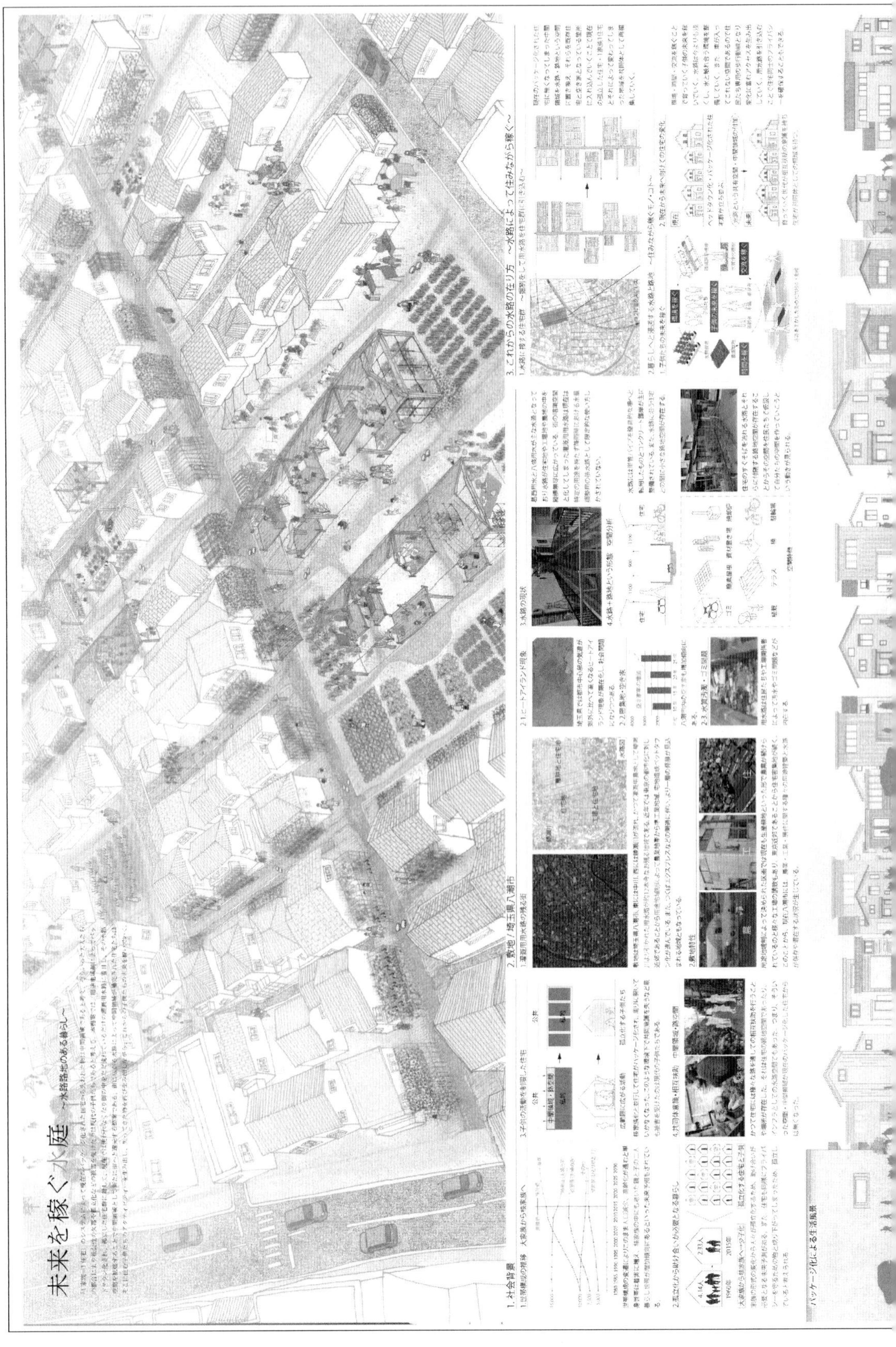

CONCEPT

現在のパッケージ化された住宅から失われた物は中間領域であると考え、それによって孤立化などの被害を受けたのは現代の子供たちであると考える。本提案では、用途地域制によってベッドタウン化され、孤立した住宅群に対して、現在では使われなくなり街の中を流れている水路空間を拡張し、中間領域として新たに街へと還元する提案である。街に広がる水路によって繋がった住宅たちは子供たちの未来を稼いでいく。

支部講評

現在では使用されていない灌漑用水路を再生することで、用途地域制によってベッドタウン化し個々に接点のない住宅群に対して中間領域としての水辺空間を創出するという提案である。この水辺空間でのアクティビティの主対象を子どもとすることにより、生活の場が生産の場（子どもを育てる）となるという考えは興味深い。空き家対策、ごみのリサイクルシステム、雨水の再利用による省エネなどの具体的な技術提案がされている点も評価できる。子どもたちが豊かに成長する環境をつくることがまちの未来をつくっていくこと（稼ぐこと）につながるという視点、そして水辺がつくる風景の豊かさはとても魅力的に思える。

（小池啓介）

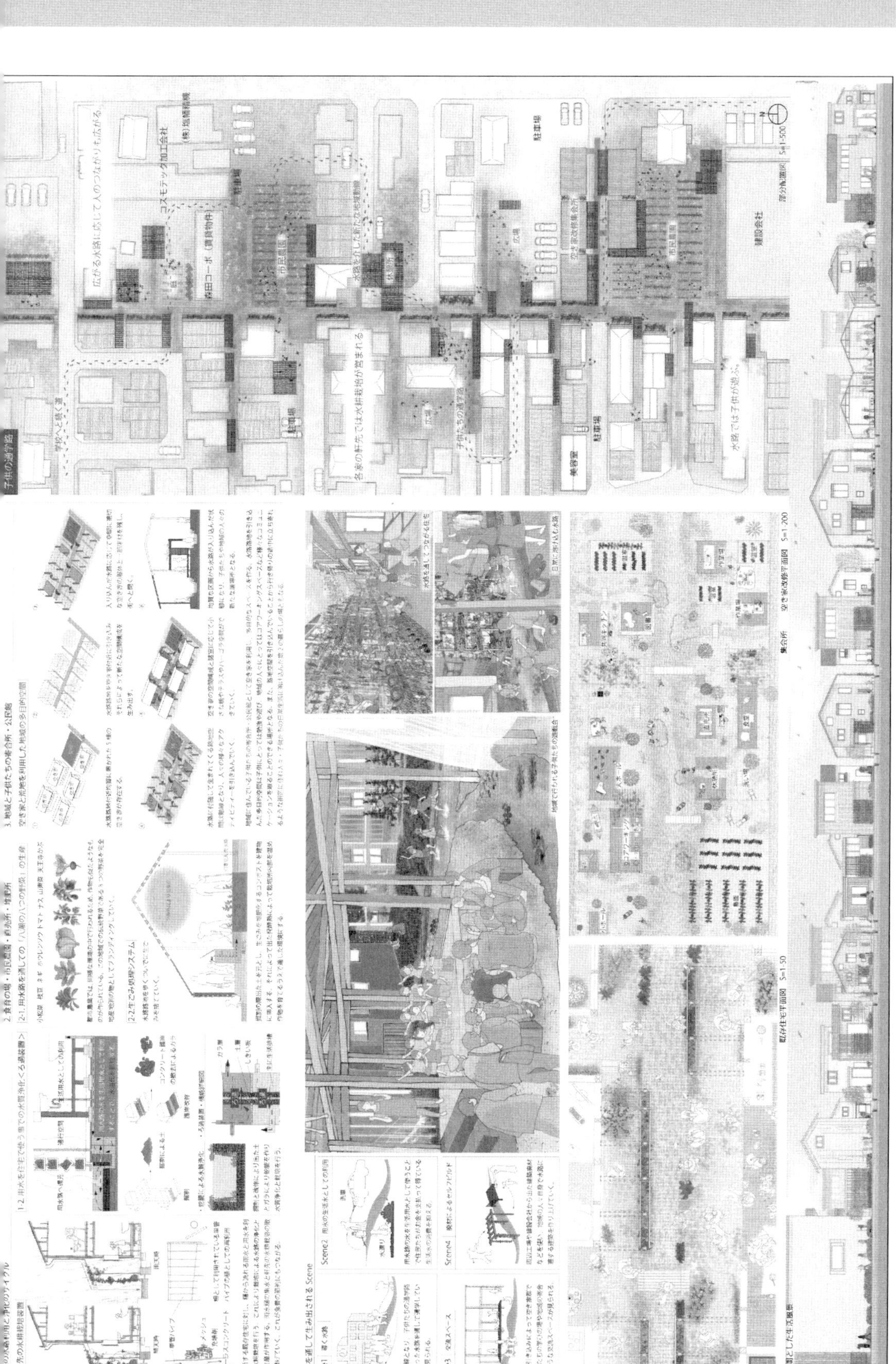

全国講評

使われなくなった灌漑用水路のあるまち八潮に目をつけたところが良い。機能を失った用水路を、家同士をつなぐ「中間領域」として位置づけ、コミュニティや環境改善装置としての役割を与えることにより、未来を稼ぐ空間として機能させようという提案である。
主に車のための道路となってしまった表通りに対して、水路を中心とした露地状の空間を住民が活動するための空間とすることで、コミュニティの場としての可能性が楽しげに描き出されている。生活用水としての利用から水質浄化、水耕栽培、農園、地域施設など新たなアクティビティを生みだす様々な仕掛けが具体的に提示されることで、より魅力を感じさせる作品となっていることも評価できる。
しかし、住戸の間に枝分かれさせた水路の水などは上手く流れるだろうか？水の流れを思うように操ることは以外と難しいはずだ。溜めておくだけなら提案の通りで良いであろうが、淀みなく流れるようにするための水路の計画が必要であったと思う。その検討によって生まれるルートなどから新たなアイディアが引き出せたかもしれない。さらに欲を言えば、水路側がコミュニティの表通りになることによって、本来の通りがどのように変化していくのかも考えて欲しかった。

（佐藤光彦）

佳作
タジマ
奨励賞
32

渡り漁業
－季節移住共同体の再考－

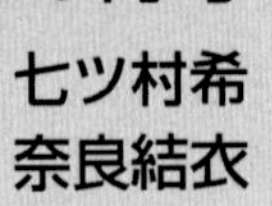

中家優　七ツ村希
打田彩季枝　奈良結衣
愛知工業大学

CONCEPT

敷地は、石川県舳倉島。漁業で栄えた島であったが、漁業衰退と共に過疎化が進み、限界集落となっている。その為、生産と消費がしっかりと結びついていた、暮らす場所を自ら島民が耕す、これからの生き方を実現するために、季節移住を再考し、旬な場所で、旬な時期に、旬なものを食す。という、住んでいるときに稼ぐ、渡り漁業を提案する。

支部講評

能登地方に残る漁業形態である季節移住という文化に着目したことに留まらず、期間限定の住まいだからこそ生まれる「いいとこ取り」感覚を生かして、漁業者だけでなく第四次産業としての漁業に関わる人々までも含めたコミュニティーを生み出そうとしている点がとても面白い。建築的提案として少し物足りなさも感じるが、島で採れる材料や空き家の解体で出た廃材、使用されなくなった漁業道具などを活用し、島における住居形態を活かしながらリノベーションしている点も評価できる。非常に詳細なリサーチから、そこにあるものの価値を現代的な感覚で再評価し、新たな価値を有する「住みながら稼ぐ」システムへ変容させている点が高く評価できる。

（宮下智裕）

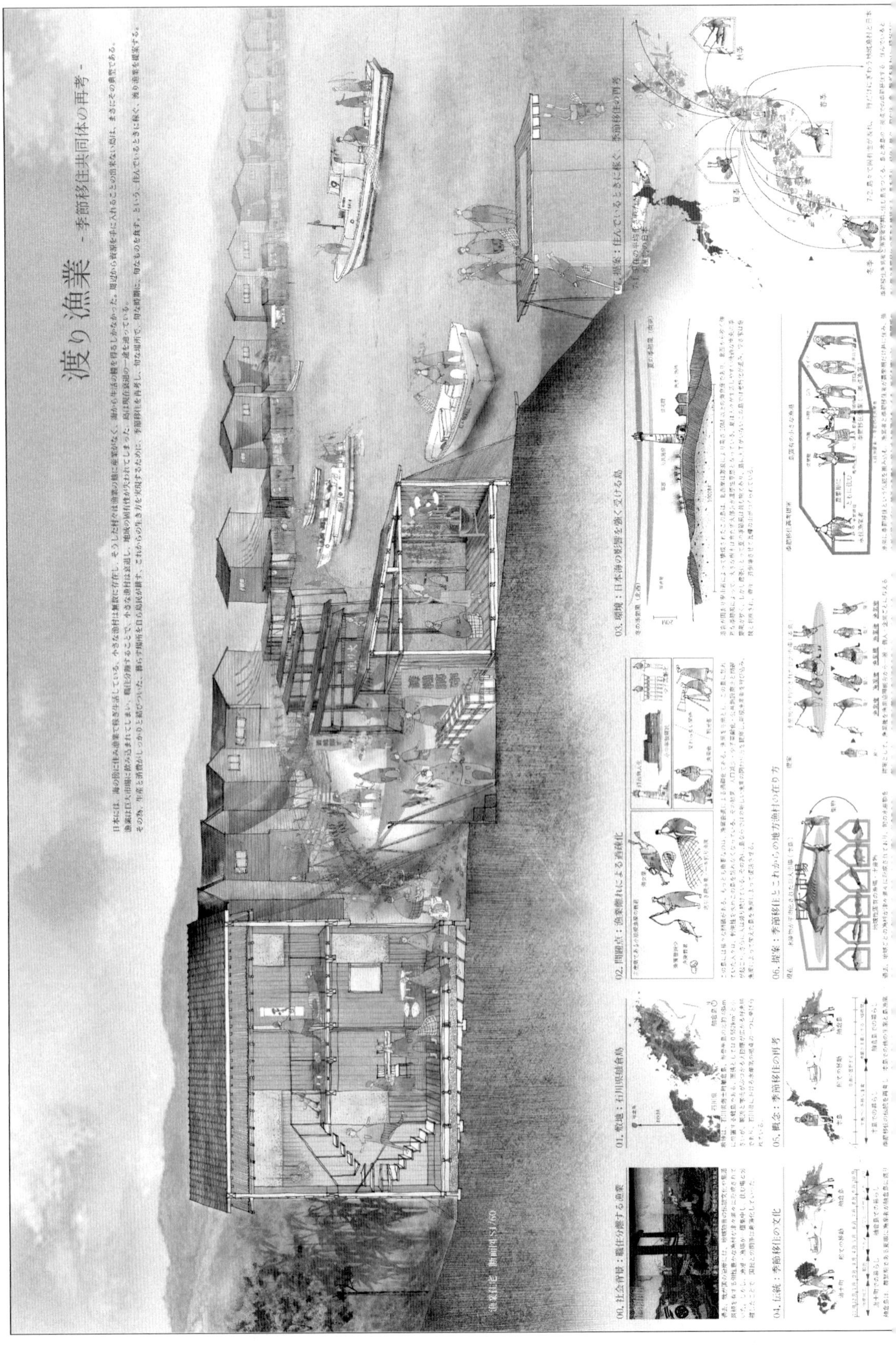

全国講評

石川県舳倉島は、好漁場をもち、水産業の拠点の一つであるにもかかわらず、漁業衰退にともない、人口減少、少子高齢化、公共施設廃止などに直面してきた。漁業で栄えたこの島を漁業で復活させようとするのが、本計画案である。そのポイントは、季節移住漁業者と永住漁業者が一時的に共に住む仕組みとそれを受けとめる空間の提案にある。舳倉島には、農繁期の夏場に漁業者が島に渡るという季節移住の伝統があった。これを新たなかたちで再生し、本島で多様な生業についている人たちが季節移住者として島を訪れ、永住漁業者と共に漁業に携わる一時的で緩やかな共同体を形成し、「旬な住・食・稼ぎ」を味わう仕組みをつくろうとするアイデアが、この計画案の核となっている。この仕組みを支える空間として、住宅（ネマ）－道（ミチ）－作業場（コヤ）－仕事場（ウミ）から成り立つ従来の「一家族一漁業」建築をダブルで用い、その間を共用空間とすることで、可変性をもつ建物をつくり、季節移住・永住漁業者が共に住む場を用意する案が示された。季節移住に着目し、大胆でありながら、ディテールまでていねいに検討した計画案は、新鮮かつ野心的で、高く評価される。一方、季節移住者を本島の人たちに限定せず、よりグローバルな視野のもとで、計画案をインバウンド観光などに結びつけることによって、経済リアリティがより高い構想に発展させることも可能であったと思われる。

（平山洋介）

佳作 38

浮舟
川により紡がれる暮らし

藤田宏太郎　国本晃裕　山本博史
青木雅子　福西直貴
川島裕弘　水上智好
大阪工業大学

CONCEPT

上流から下流へと流れる川は人や物を運び生活を支えてきたと同時に、河川域では清水を利用していく立場として、信頼関係が形成されてきた。しかし現在、川は生活に背を向けたものへとなってしまっている。そこで、再び川を通じて各々の地域を繋げ、物事の流通と地域同士の信頼関係を創出していく。川は河川域の生活を支えていくと同時に観光・産業を支え、新たな住みながら稼いでいく街の姿がここに浮かび上がる。

支部講評

水運の役割を担わなくなった頃から、川は“裏”化してしまったのかもしれない。川を再び表舞台に引っ張り出し、一旦は分断された地域間の繋がりを取り戻そうという意欲的な提案に惹き込まれた。地域ごとの特徴と課題の捉え方、ロケーションに合わせた建築表現も誠実で、長い歴史が育んだ果実のみを利用するかのような唐突なビッグネームの進出に対するアンチテーゼとしても説得力がある。ハードな開発によるインパクトを避け、住まうことと地域の魅力を緩やかに再編していく提案は、木津川流域における上津屋から木津、和束に至る南部茶業圏にも適用でき、湯船、宇治田原を通って白川・宇治に循環する大規模な地域間連携も夢ではない。

（梅田善愛）

全国講評

タイトルである「浮舟」とそれを表現する3枚のパースがこの計画の魅力を鮮明に伝えてくれる。そこには、川辺に現れる新しい暮らしが表現されており説得力があった。この計画は、川沿いの三つの地域の営みを繋ぐことで住民同士や観光客が関わりをつくり、それによりできあがる新しい経済圏の暮らしを提案している。今回の設計競技では水に関わる計画が数多く見られたが、川に沿った複数の地域のネットワークによる暮らしの提案が本計画の特徴であった。その提案は中世から行われていた宇治川での暮らしを再現するノスタルジックなものではなく、立体的に川とつながる宿場・船着場・メディカルスペースなど都市的な関わりをデザインした向島、市場を川に張り出したオープンな空間に設けて水辺の新しい住まいとした中宇治、川辺の風景と茶畑産業に他者を関わらせて建築化し魅力的な景観を提案した白川、とそれぞれに新しい川辺の住空間を提案した力作である。一方、三地域をつなぐ川の具体的な役割や暮らしとの関わりの提案が乏しく、つなぐことの重要な役割である川のネットワークの魅力が読み取れなかった。しかしながら、現代的な交通システムによる地域のつながりでなく、川辺の地域性を生かし紡がれた暮らしは共感がもて、私達がこれから目指すべき方向の一つを示してくれたことは確かである。

(鈴木晋)

佳作 **39**

太子の道を行く

朝永詩織　川合俊樹　福本純也
石野隼丸　橋本遼馬
栢木俊樹　福田翔万
大阪工業大学

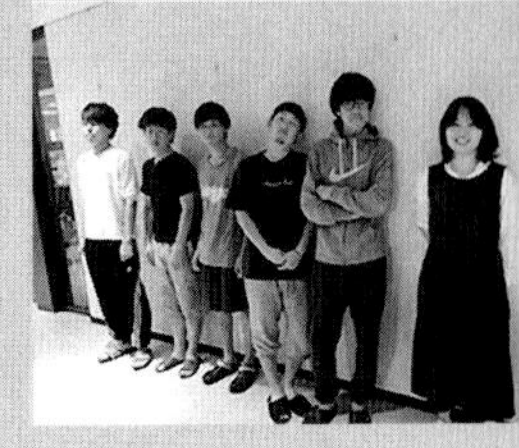

CONCEPT

かつて太子道は聖徳太子によって斑鳩と明日香を結ぶ人の歩く道として整備された。太子道は歴史を堆積してきた道といえるだろう。その道には太子信仰を中心とした共同体が存在し、賑わいを見せていた。しかし、かつてのにぎわいをみせた風景はない。本提案では太子道に一本の人が歩く道として再構築し、太子道の原風景を提案する。

支部講評

道を中心としたツーリズムを通じて、「住ながら稼ぐ」を実現しようという提案である。敷地として、奈良の斑鳩から明日香を結ぶかつて太子が歩いた「太子道」に設定。現代の車中心の道を「人の道」として再生することと観光ツーリズムにより、「点」となってしまった各地域をつなぎ、新たな経済圏を出現させる。ここに地域住民が参加することで、「稼ぎ」を得ようという試みである。季節や地域の特性に応じた観光プログラムにより、多様な風景や営みを生み出すとともに、これらを美しいスケッチにより巧みに表現している。これらに加え、地域住民との関わりや暮らしや住まいとの結びつきや建築的な提案があれば、更に魅力ある作品となっていた。

（楠敦士）

全国講評

聖徳太子が法隆寺建設時に斑鳩から飛鳥を往来していたと伝わる「太子道」に、住民が主体的に参加し旅行客をもてなす体験型ツーリズム機能を持たせることで、地域に暮らす人達が日常的に小さな経済を生み出しながら共同体を再生する提案である。道沿いの地域の関わりが薄くなってしまった現在の「太子道」に、地域の農業や産業と四季の変化に注目したプログラムを設定し、それらと道との関わり方からデザインされたオープンな空間において、旅行客と地域住民が一緒に「太子の道」を体験する暮らしはとてもユニークである。このツーリズムは全長30kmを2泊3日かけてゆっくりと歩くものであり、道沿いの特徴ある地域をのんびり体験するのにふさわしい繊細かつオープンな空間の提案や、季節毎に異なる体験ができる様に考えられた緻密な時間軸のデザインは秀逸である。一方で提案されたツーリズムにより「太子の道」沿いの地域同士の関係がどの様になるのかが分かりにくく、個々の地域の提案にとどまっているのが悔やまれる。例えば、サポートカーは地域を結ぶものとあるが、それらがどの様にプログラムに関わりながら地域を結ぶのか、より具体的に表現してほしかった。

（鈴木晋）

佳作 42

もったいない

ー持続可能な生活行動の集積による地域価値の向上ー

浅井漱太　川瀬清賀
伊藤啓人　見野綾子
愛知工業大学

CONCEPT

持続可能な生活を送ることによって、消費による無駄な支出のない状態を作り出すことが実は「稼ぐ」ことに繋がっているというコンセプトのもと、木密地域において長屋、銭湯、商店街を軸にして持続可能な生活を展開するためのプログラムと建築操作を提案する。住民一人一人の持続可能な生活行動の積み重ねは、人々の繋がり、建築の価値、地域の価値の向上に結びついていく。

支部講評

地域全体であるものをシェアし、できるだけ無駄な支出や消費がない状態をつくることが、「稼ぐ」ことかどうかは、経済的視点からみると議論があると思う。しかし、エリア全体を点ではなく面でとらえて、植栽などを育てることを通じて地域社会でシェアをマネジメントすることが、この地域全体の価値を上げていくことに繋がる提案だととらえ、美しいドローイングと共に評価をした。美しいドローイングであるからこそ、その抽象性や強調すべき箇所が際立っているが、全体を通じて提案の内容が植栽に頼り過ぎているようにも見えてしまう。またこの生野ならではの地域性も反映されているようだが、具体的な通り毎の性格の違い、道路幅、車の通行ルート、木密地域ならではの解決すべき課題などにも取り組むことで、よりオリジナルな提案になるのではと思う。

（前田茂樹）

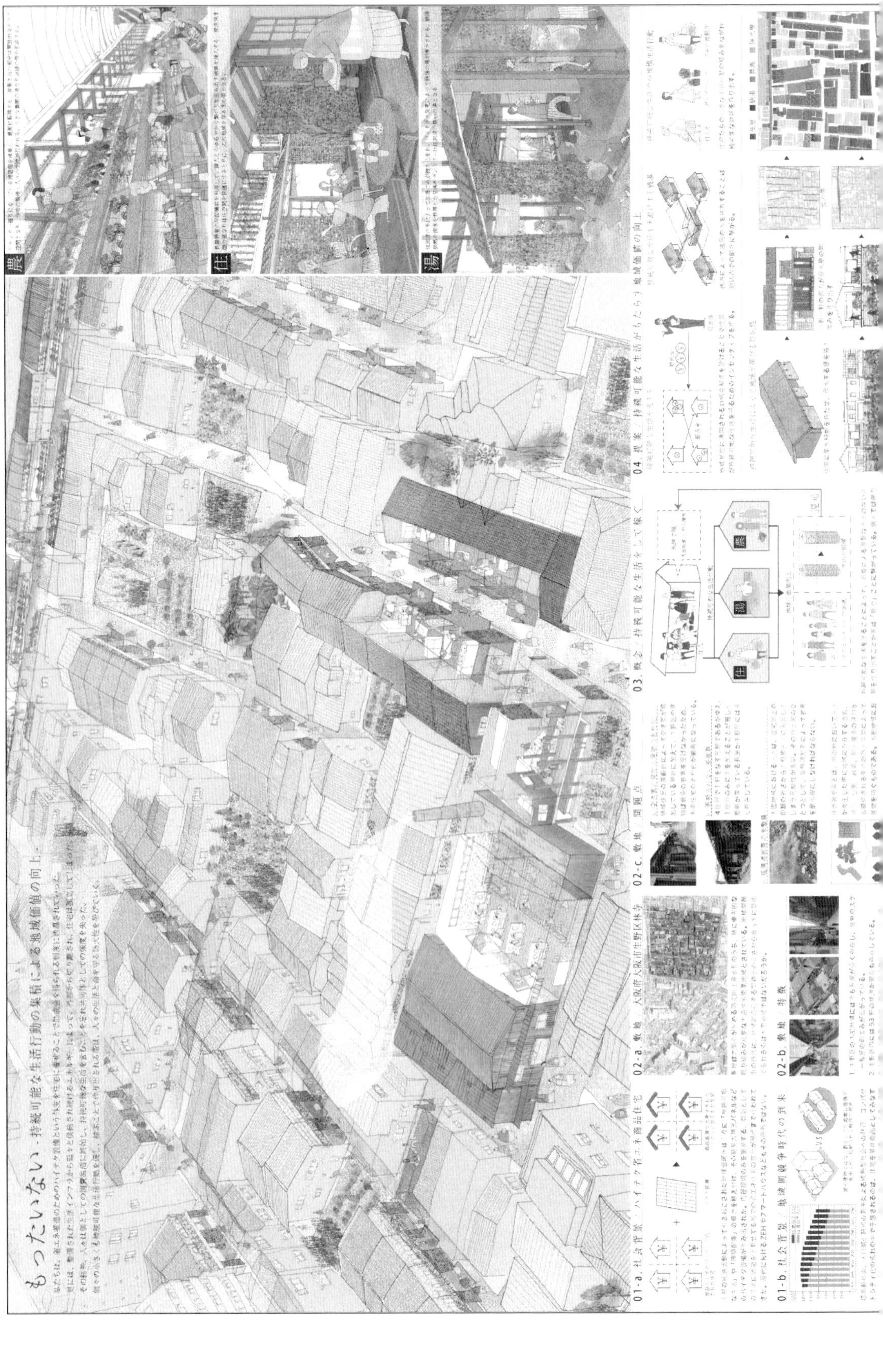

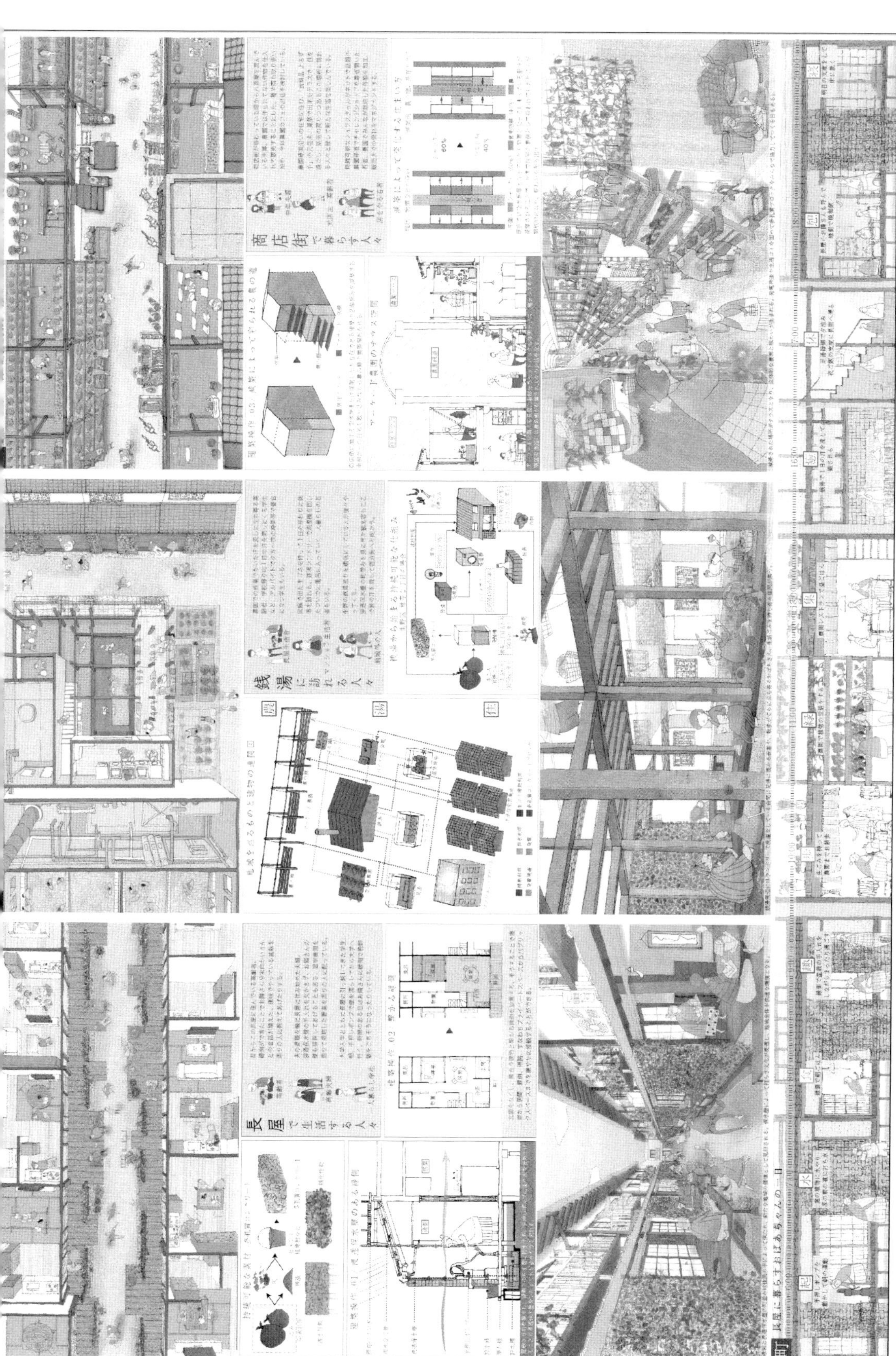

全国講評

大阪市生野区の木造住宅が密集する地域での提案である。建築に保水壁を導入し、新たな水の流れをつくり、シャッター街化した商店街を農園に変えるという大胆なアイデアである。また、銭湯をネットワーク化し、新たな水の流れをつくり、コミュニティを形成していく。このような新たな水の流れをつくることにより、木造住宅が密集するこの地域において水の流れをつくることにより防火性を高めるという提案でもあり魅力的である。しかしながら、本提案ではこうした新たな水のインフラを元にしたコミュニティにおいて、助成金を得ながら「節約」をして持続可能な地域をつくる様子が描かれている。今回の競技課題では、経済/生産活動の提案が求められていた。節約ではなく、ここで新たに生まれる農業や他の経済活動とコミュニティの関係性を描くことが期待されていた。ここで提案されているコミュニティのアイデアは斬新であり、そこから生まれる経済活動も自然に想起される。競技課題に対応した提案になっていればさらに興味深いものとなっていただろう。

（松行輝昌）

佳作
タジマ
奨励賞
58

建築再生計画
－保田窪団地をリノベーションする－

中村勇太　鈴木里菜
白木美優　中城裕太郎
愛知工業大学

CONCEPT

経済的理由だけによって永久に存続することが約束されていない建築を取り壊していくのではなく、もう一度その建築の価値を読み直す必要がある。
空間を支えるための機能が介入することで、はじめて空間に力を持つことができ、自然と建築を必要とする人が増えていくと確信する。
使い手によって建築の価値を生み出していくことができれば、社会貢献として国・地域・個人の利益を稼ぐことができる建築へと生まれ変わる。

支部講評

経済的理由だけによって取り壊していく建築の価値を読み直すことは本提案の中心となっている。そこで、空間を支えるための機能が介入することによって、はじめて空間に力を持たせることができ、建築に新たな価値を生み出していく具体的なプロセスと手法を示し、また計画対象の保田窪団地に対する分析の視点も多面的で、提案する建築の細部まで検討した点において評価できる。一方、「建築の価値」に対する解釈と理解はやや限定的で、また社会貢献として国・地域・個人の利益を稼ぐことができる建築へと生まれ変わるのが過言ではないかと思われる。
（趙世晨）

全国講評

大いなる期待に応えるべく建築家が精魂込めた建築、あるいは新たな建築の可能性やあり方を世に問う形で建築家が送り出した建築、そうした多くの価値ある建築が生み出される一方で経済的側面を重視した判断により近年多くの建築作品が失われている。本作品は、こうした実情を憂い、価値ある建築作品を公共的資産として捉え、地域経済に関与させることで社会貢献と建築の持続的な利活用のモデルを提示している。

保田窪団地、それは制度的制約がありながらも実験的・挑戦的な提案が込められ誕生し、そのあり様はそれまでの集合住宅の概念を大きく揺さぶり、そして可能性を拡大させた価値ある建築の一つであると言える。応募者は集合住宅という単一機能で構成されたこの建築に新たな機能を挿入し再編することで社会的課題に応える建築へと転換させている。

保田窪団地がもつ空間的特性あるいは優位性があればこその提案であるとも言えるが、低層部に商業系機能等を挿入しパブリックに開放する手法や建設当初のゲーテッドなコモンを経済活動や隣接地域のコミュニティに開く提案は全国の団地再生のモデルと成り得る可能性が感じられた。さらにコモンを介した賃貸システムが明快である。

しかしながら機能の転換を図るため空間の連続性を分断したことにより一部の居住空間の利便性が損なわれていること、商業系や交流等の新たな機能挿入による建築再編における建築のデザインや空間の質的側面のスタディにやや課題がみられた。

（鶴崎直樹）

タジマ
奨励賞

5

コネクタウン

吉田鷹介　瀬戸研太郎
佐藤佑樹　七尾哲平
東北工業大学

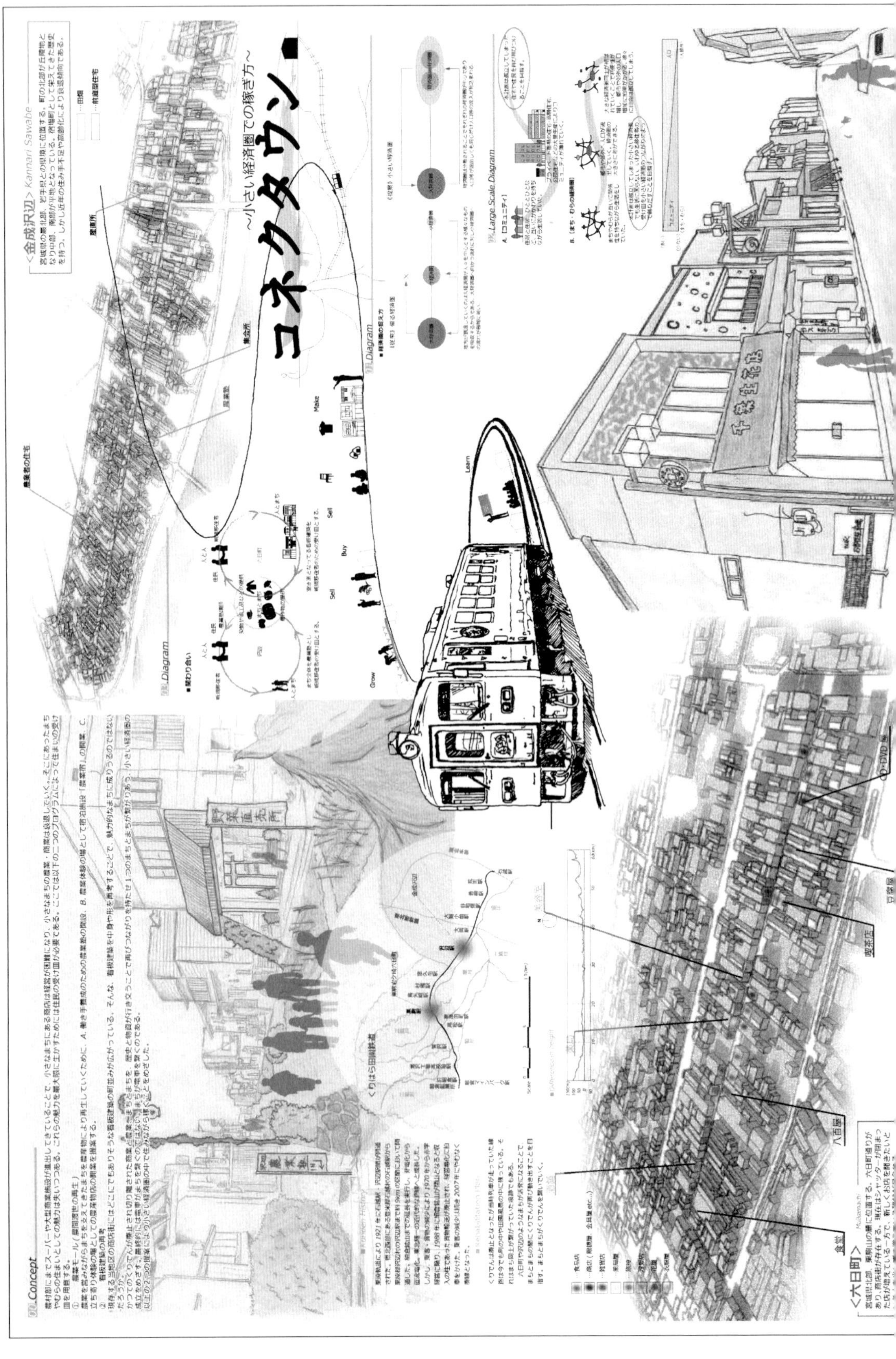

CONCEPT

本提案では、農村部における『稼ぐ』を、ものを売りお金を稼ぐことと、稼ぐという言葉のもともとの意味である一生懸命に働くということの二種類であると捉え、農業と商業における住みながら稼ぐ形を提案する。その一つの指標として農村部における商店街の新たな形と農業の在り方を問うものである。そこで看板建築の再考と特産品の強調による商店街の活性化と、まち全体を農業塾にして、循環し成長していく農業をめざす。

支部講評

「くりはら田園鉄道」は1921年の開通以来、地域の繁栄を支えてきた。2007年に廃止されたが今なおその痕跡は沿線のつながりを意識させる。本案はくりでん沿線の、いかにも街道沿いらしく狭い間口で奥行きの深い区画割の残る二つの町を取り上げ、セットバックした空間やファサード、裏庭などを活用し、それぞれの地域の活動を視覚化し関係性を浮かび上がらせる提案である。金成沢辺では農業塾や農業宿などを具体的に設定し、セカンドライフの移住者受け入れを進める。六日町では、いくつか残る看板建築をテコに、のれんや映像なども利用して商業の活性化を図る。様々なスケールのアイデアを集め、都市的展開を試みている点が評価された。

（本江正茂）

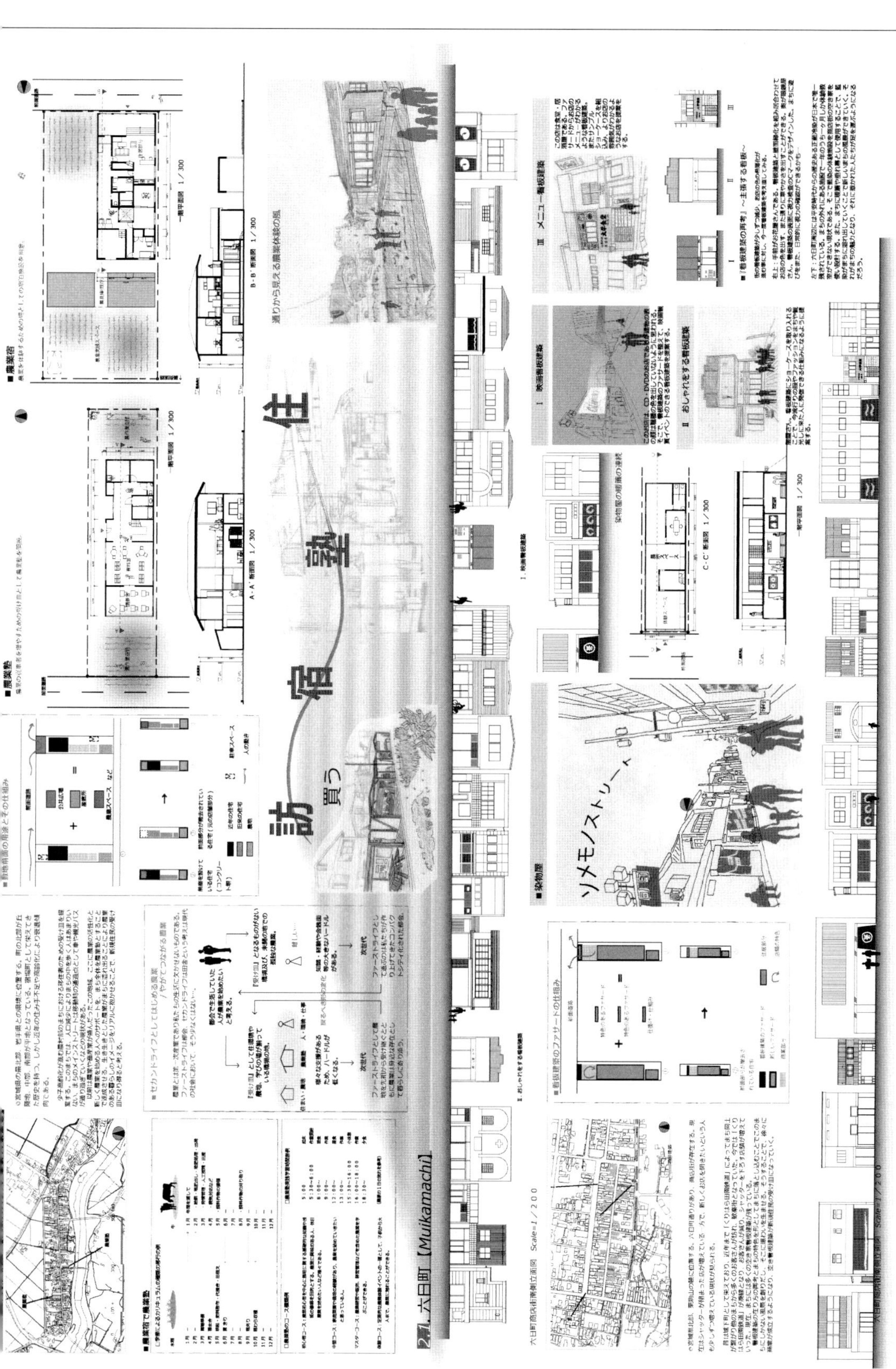

産業の斜陽化により衰退し現在の経済圏と切り離されるも往時の面影をかすかに残す通りや店舗の表情が寂しげなまち。そんなまちが全国には少なからず残存している。近代化が進展した当時、地域経済を潤した細倉鉱山と他地域をつなぐくりはら田園鉄道の沿線で栄えた宮城県北部の六日町（城下町）と金城沢辺（宿場町）も閉山と廃線により孤立したまちである。

本作品は、こうした切り離されたまちに農業をテーマとし新たな居住者や来訪者を呼び込み小規模ながら自立的経済圏の形成を図ろうとする提案である。具体的には、既存の町割りや区画の分析をもとに前庭型住宅等を活用し働き手養成のための農業塾、農業体験の場としての宿泊施設「農業宿」や立ち寄り体験の場としての農産物店舗等を配置しまち全体を農業塾として提案している。また、旧商店街エリアにおいては当時の雰囲気が残る看板建築を地域資源として見出しその活用により新たな空間とストリート景観の創出を試みている。

農業に対する新たなニーズや移住動向を捉えた点や埋もれてしまいがちな地域資源に着目した点に優れ、描かれたストーリーに同様の状況にある全国のまちの再生モデルとしての可能性を感じた。一方で自立的経済圏の形成のための機能や仕組みが本提案で十分であったか、また、より具体的かつ魅力的な建築や空間を提示し、新たな建築的介入のモデル提案があると説得力が増したと思われた。

（鶴崎直樹）

タジマ奨励賞 10

近代住宅の再構築 住宅2.0へ

大方利希也

明治大学

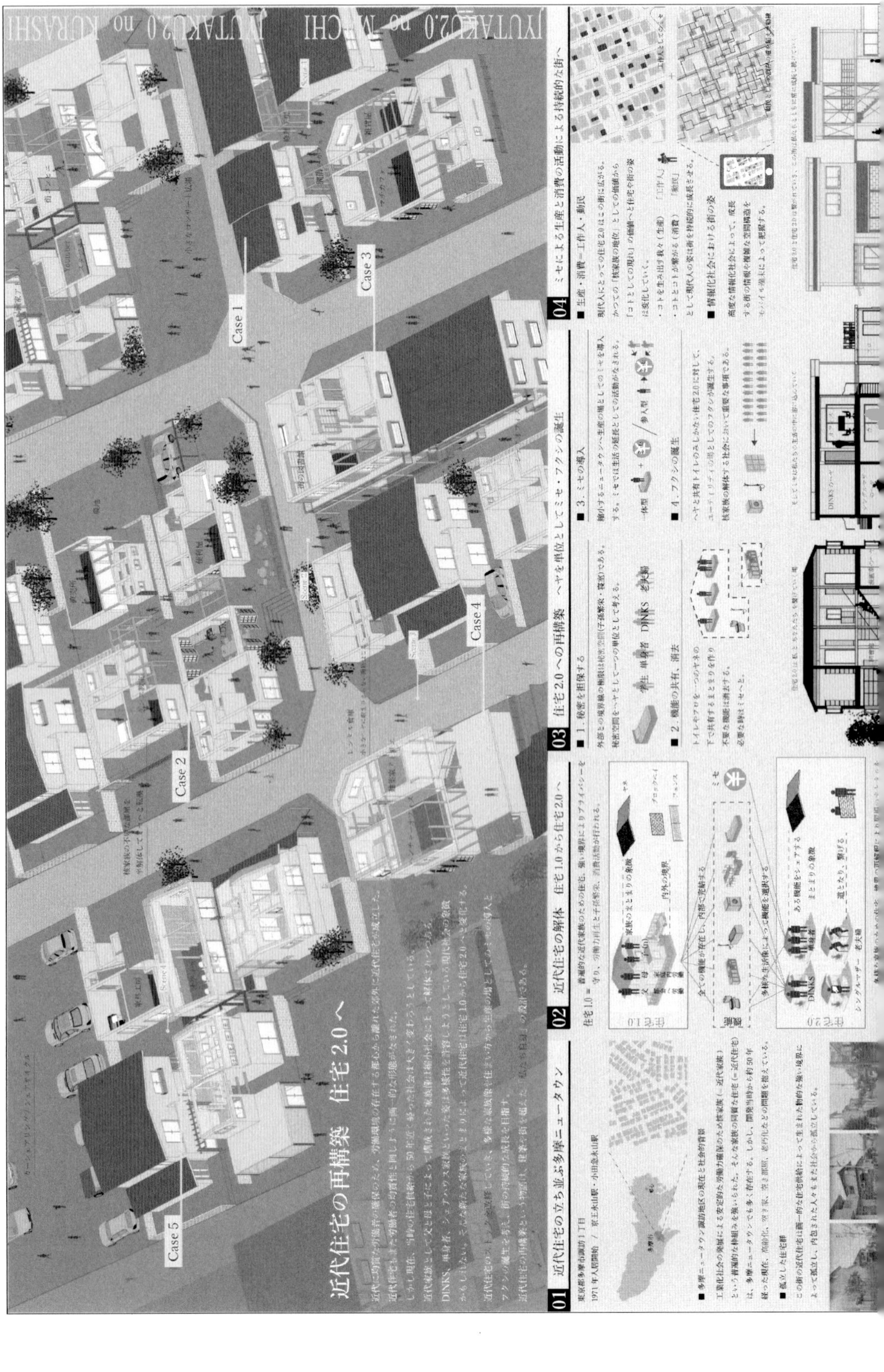

CONCEPT

近代に成立した住宅は労働者の均質性と同じように画一的な形態がなされた。
当時の住宅供給から50年近く経ち、縮小社会となった現在、近代家族は解体されつつある。新たな家族のまとまりによって、近代住宅のストックを改修していく。多様な家族像や住まい方から生産の場としてのミセの導入とフクシの誕生を考え、街の持続的な成長を目指す。
近代住宅の再構築という物語は、建築や街を超えた「私たち自身」の設計である。

支部講評

東京郊外のニュータウンにおける近代住宅群を再構築する提案である。高度経済成長期に大量供給された近代住宅はその画一性により人口増加に対応可能なモデルであった。しかし、50年を経た現在、社会は縮小し空き家化が問題になり、また多様化した住まい方にも対応できているとは言い難い。そこで、近代住宅を改修することにより、単なる住むための場所に生産する場を付加し街の持続的な成長を目指している。生産の場を加えるために「ミセ」、「フクシ」というツールを導入していることは少々論の飛躍が見られるが、明快であり興味深い。ニュータウンが抱える問題に正面から取り組んだ良案である。

（小池啓介）

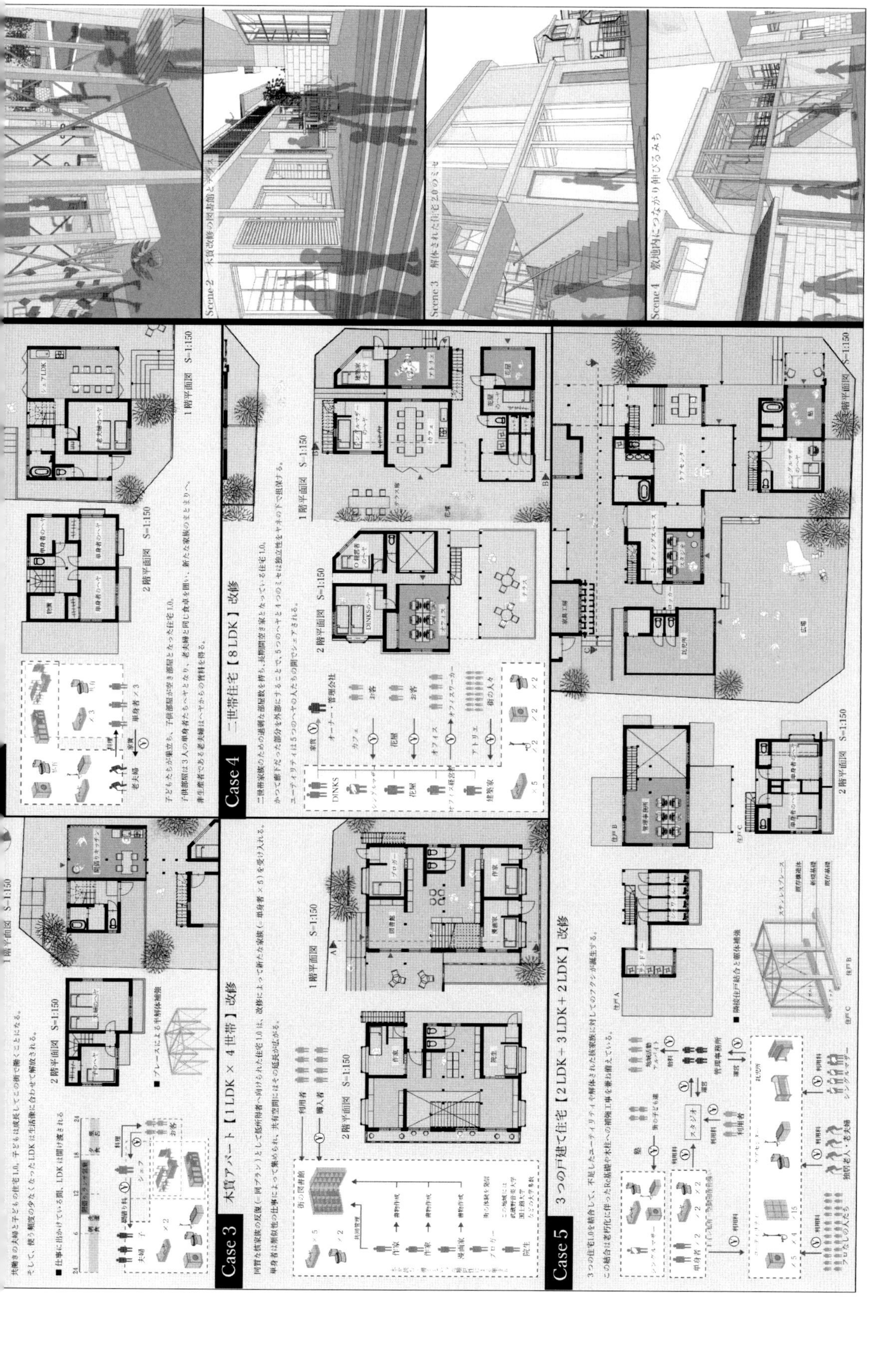

全国講評

歴史のある街や山村・漁村など地域の独特の文化や特色がある場所ではなく、住宅地として開発された多摩ニュータウンを敷地に選定し、「住宅に住む、そしてそこで稼ぐ」の課題に真正面から取り組んだ作品である。夫婦と子供の「核家族」で暮らしていた家を住宅1.0の基本型と設定し、それに対しDINKS・シングルマザー・単身者などの暮らしを、空家問題にも着目し既存家屋の解体を主な手法とした住宅2.0として提示することで、新しい多摩ニュータウンのコミュニティーをデザインしている。デザインの手法自体は単純であるが、それぞれのSceneで表現されている空間はスケール感がよく居心地のよい場所が多く提示されており、この住宅地の人達にとって新しく魅力的な暮らしを具体的に表現した優れた作品である。また、住宅2.0へ変換する際に、ヤネを「まとまり」としヘイを「境界」とするなど、空間生成のルールを現代の生活様式とは異なる尺度で再構築していくアイディアも新しい住空間づくりの可能性として面白い。一方、プログラムにはリアリティが少ないのが残念である。Caseの設定を既存の住宅のタイプだけでなく選定した地域のなかでの位置づけも考えながら、それぞれの住民の暮らしをもう少し丁寧に読み解きデザインできれば更に魅力的な作品になったであろう。

（鈴木晋）

タジマ奨励賞 15

消えゆくガレージから生まれる風景

岩城絢央
小林春香
日本女子大学

CONCEPT

敷地とする杉並区成田西エリアはガレージが多く、それらの集合が街の景観をつくる可能性を感じさせる。近年、自動車離れが進み、ガレージは将来"廃虚化する空間"の一つと捉えることができるのではないだろうか。また土着性は強いが閉鎖的な小学校にも注目し、それを取り巻くヒト・モノ・カネを住宅のガレージに入れ込む。こうして生まれるヘテロジニアスな環境が新たなコミュニティと活発な街の風景をつくりだす。

支部講評

成田西の宅地開発による住宅地のガレージ＋住宅という風景を、働く空間で変革しようという案である。都市計画的に働く空間と分かたれた住宅地ではあるが、衰退するモータリゼーションによりできるガレージというインフラに、人が働く風景を挿入する点で明快な敷地選定であると感じた。それに加えてガレージというワードが、直感的にシリコンバレーの名だたる起業家が自宅のガレージから出発しているイメージが今回のテーマと重なった。1階にガレージを持ったよくある斜面地などの住宅街が、家形のデザインの良し悪しは意見の分かれるところではあるが、一つのデザインコードにより連続感を与えられる様子が容易にイメージしやすく、実現性も高い。学校との繋がりの必然性については疑問点もあるが、コンペテーマに対して素直な回答であり、かつ建築的なカタチを示せている点で受賞に値すると考えた。

（谷口直英）

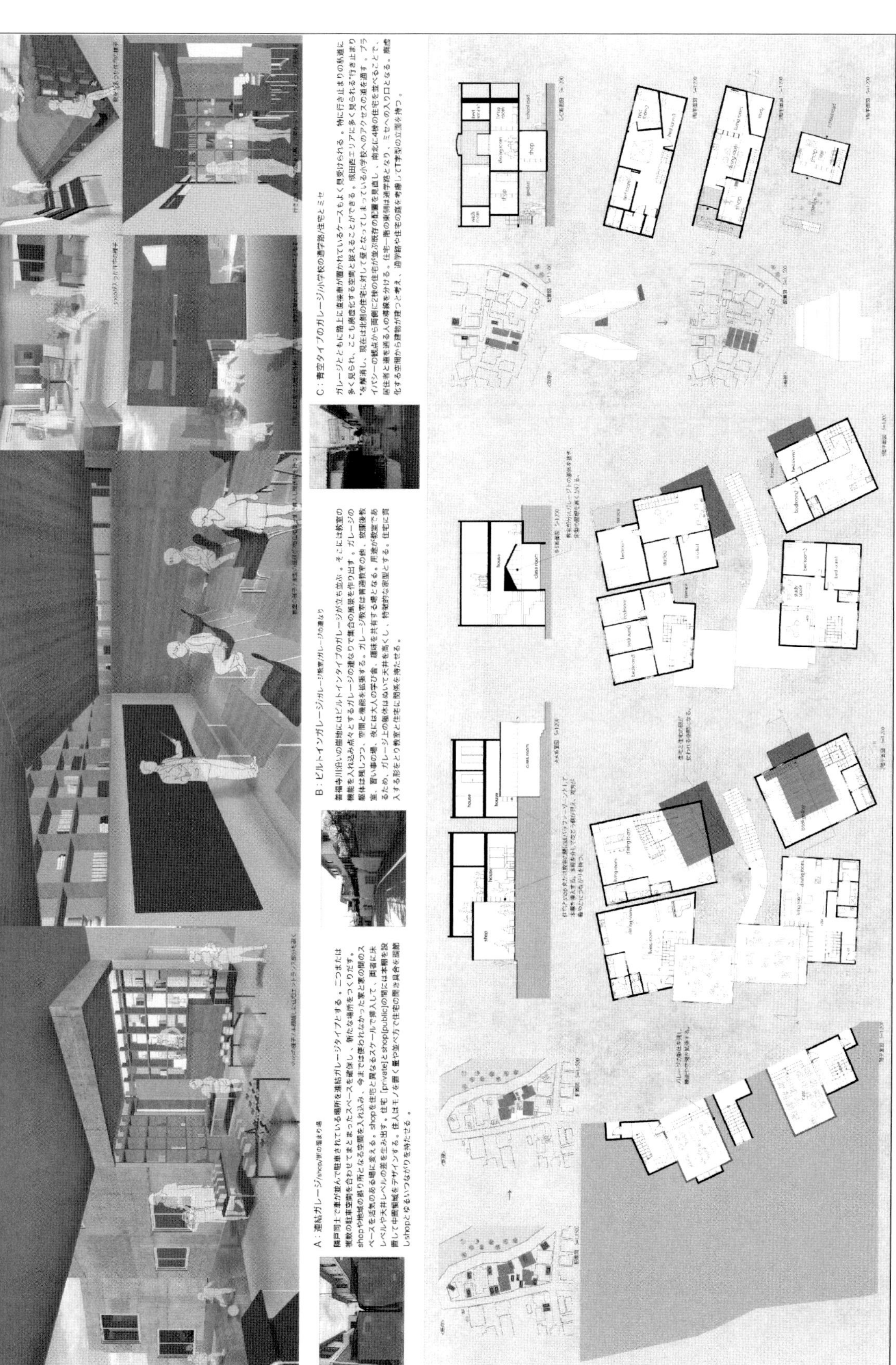

全国講評

我々の生活様式や住宅、都市形態を大きく変えた機械に自動車がある。多くの住宅には車庫があるし、駅前や道路空間もほとんどが車のための空間だ。この自動車に大きな変化が起きようとしている。一つは自動運転でありその帰結としてのシェアである。その結果、自動車の台数は半分以下になるとの予測もあり、当然ながら自動車のために整備された空間が余剰となる。提案は不要となるガレージを商業用途と学校の教室に転用することを提案する。従来学校や商業地域、施設に集約される用途を住宅地に分散させることで、地域に何らかの意識変化が起きることを期待している。

ガレージが余剰となり居室空間として提供されることが既成市街地に何らかの影響を与えるであろうことは想像に難くない。しかし現実的には、ガレージということで容積率の緩和を受けており、居室化リノベーションは容積率オーバーとなる可能性が高い。また、インナーガレージの天井を切妻上に上げるのは技術的に難しいし、元々の教室への影響も大きい。もう少し現実的なアプローチがあれば良かった。また、教室を分散するのは良いが、元の学校との関係、その後の用途についても何らかの提案が欲しいところだ。

最後に、この敷地について触れておきたい。蛇行する善福寺川と段丘上に造成された宅地の面白さは洪水リスクと表裏一体にある。この対応も含めた提案であれば、さらに一段階上がったと思う。

（高口洋人）

タジマ奨励賞 16

プライバシーを売り幸せを稼ぐ

工藤浩平

東京都市大学

CONCEPT

彼らは今まで地権者や企業にモノと引き換えに渡していた「プライバシー」をある意味では売って、企業の実験的な経済活動を享受する。
更に、「そういったもの」こそが、金銭よりも信頼性を帯び、そこから地域独自の幸せを享受することを信じている。
そのために、彼らや人類は尽力し稼ぐのである。

支部講評

作者はネット社会上で構築される信頼関係がプライバシーの一部を公開することで得られていることを参照して、プライバシーを守るだけの既存住宅のあり方に対する批評として提案を展開している。そこまでの視点は面白いが、それを建築に落とし込むときに、明暗、公私など聞き覚えのある2元論でカタチに落とし込もうとしているところについては物足りなく感じた。過去の中間領域論を横目でみながら、現代的な空間の在り方の分析とその展開を提案するなど、もう一歩踏む込んだ提案を見たいところである。また企業広告のようなグラフィックを用いた独自のプレゼンテーションは興味深いが、断片的な解説であり読みづらい。選者の間でも議論が分かれたが、コンペの課題の言葉に真摯に向き合い、独自性のある視点で挑んだ点に対して今後への期待感を込めた受賞とした。

（谷口直英）

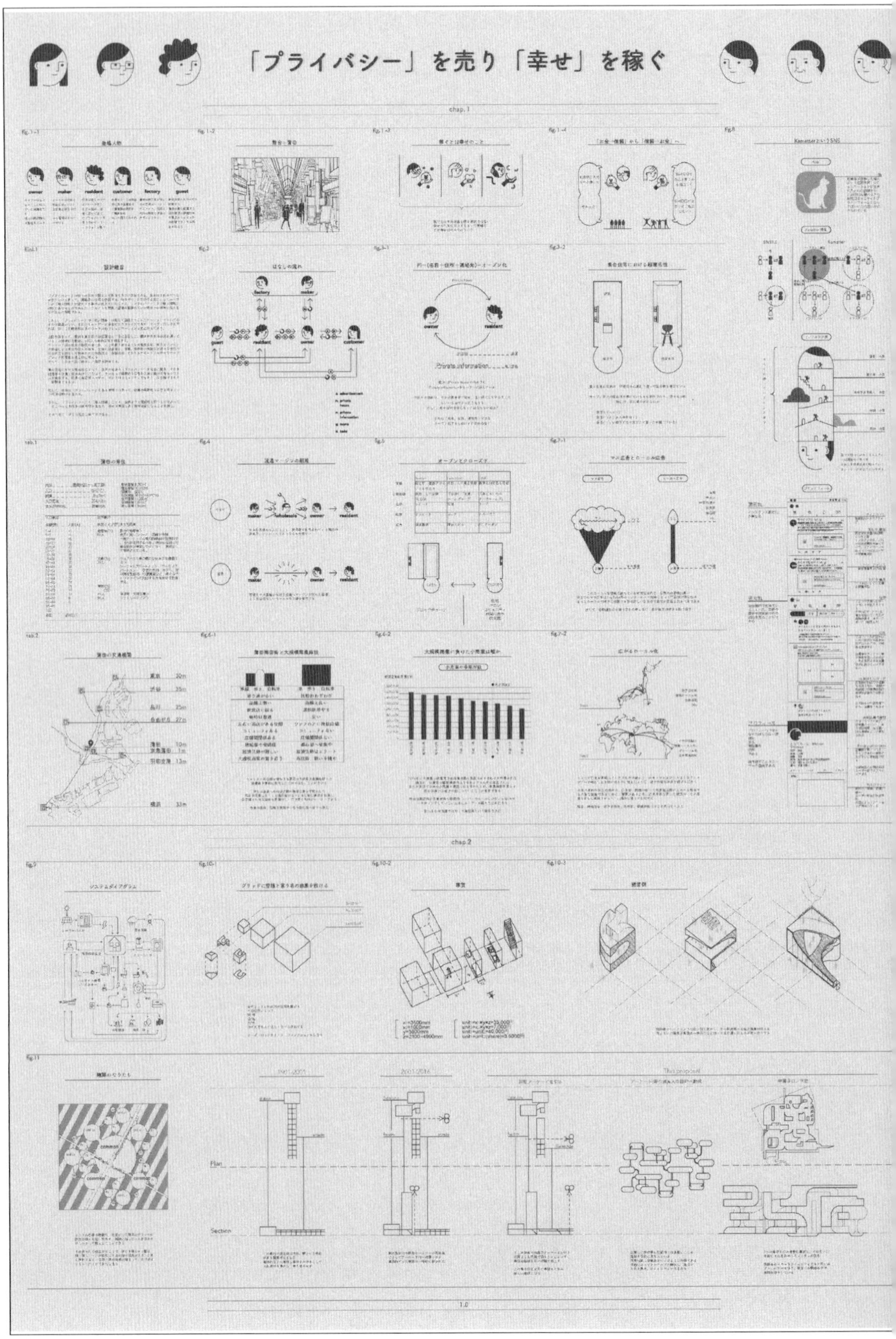

「プライバシー」を売り「幸せ」を稼ぐ

chap.1

chap.2

全国講評

「稼ぐ」という課題に真っ向から挑戦した提案である。他の案とは異なった、企画書のようなテイストの表現の密度も高く、独特の魅力を感じさせる。一方で、文字や大きさやレイアウトなどで、他者に見せるためのプレゼンテーションとして配慮に欠けるところがあるのも気になった。
その土地固有のコンテクストなどに頼ることなく、現代社会の様々な事象を的確に捉えつつ、それらを受入れた上で新たな集住体を成立させようとするプログラムの提案には、他にはない清々しいまでのストレートなアプローチがみられる。「プライバシーを売る」という挑発的な表現も面白い。しかし、一方で「プライバシー」を捉え直すことで実装されるシステムの提案と、それを建築や都市空間として実体化する手続きとの関係が説明し切れておらず、切断があるように思える。あるいは、プログラムの提案があまりにもリテラルに建築空間として置き換えられてしまっているともいえよう。そこで行われることと、それを受け止める建築をどのように結びつけ構想するのかが重要な部分である。設計趣旨にある「とびきり居心地の良い施設」がいかにして実現しうるのか、どのような建築空間になるのかを説得力のある表現とともに自信を持って提示して欲しかった。

（佐藤光彦）

タジマ奨励賞 33

趣味家

～雁木が連なる16kmの個人ギャラリー～

渡邉健太郎
小山佳織
日本大学

CONCEPT

「Instagram」をはじめ、現代の流行に象徴されるように、人は好きなことを他人にも知ってほしいという欲求を持つ。
そこで趣味を持った人（趣味人）が集い、人と街を繋げる趣味の街を提案する。趣味人は地域の商店と提携し、自分の趣味を発信して、観光客を誘致する営業マンの役割を担うことで、この街のまちおこしをする。
雁木の地域色のある街並みが、連なるネットワークを形成し、街全体が博物館のような賑わいを生む。

支部講評

雁木が連なる上越市高田の商店街を舞台に、空き家化してしまった店舗等を、SNSで発信力をもつ「趣味人」に実空間ギャラリーとして使用してもらい、同商店街の営業マンとして活動してもらうことによって、街の活性化を図る提案である。既存店舗と提案されたギャラリーとの空間的な連携のイメージがやや希薄であるが、賑わいを取り戻していく街の姿が、多様な登場人物や、具体的な建築空間の使用法とともに丁寧に表現されており、評価できる。ここでの「稼ぐ」という行為は、副業的な側面が強いが、楽しみながら働くというライフスタイルの提案につながっており、これを、街との関わりを重視しながら実現しようとしている点に可能性を感じた。

（羽藤広輔）

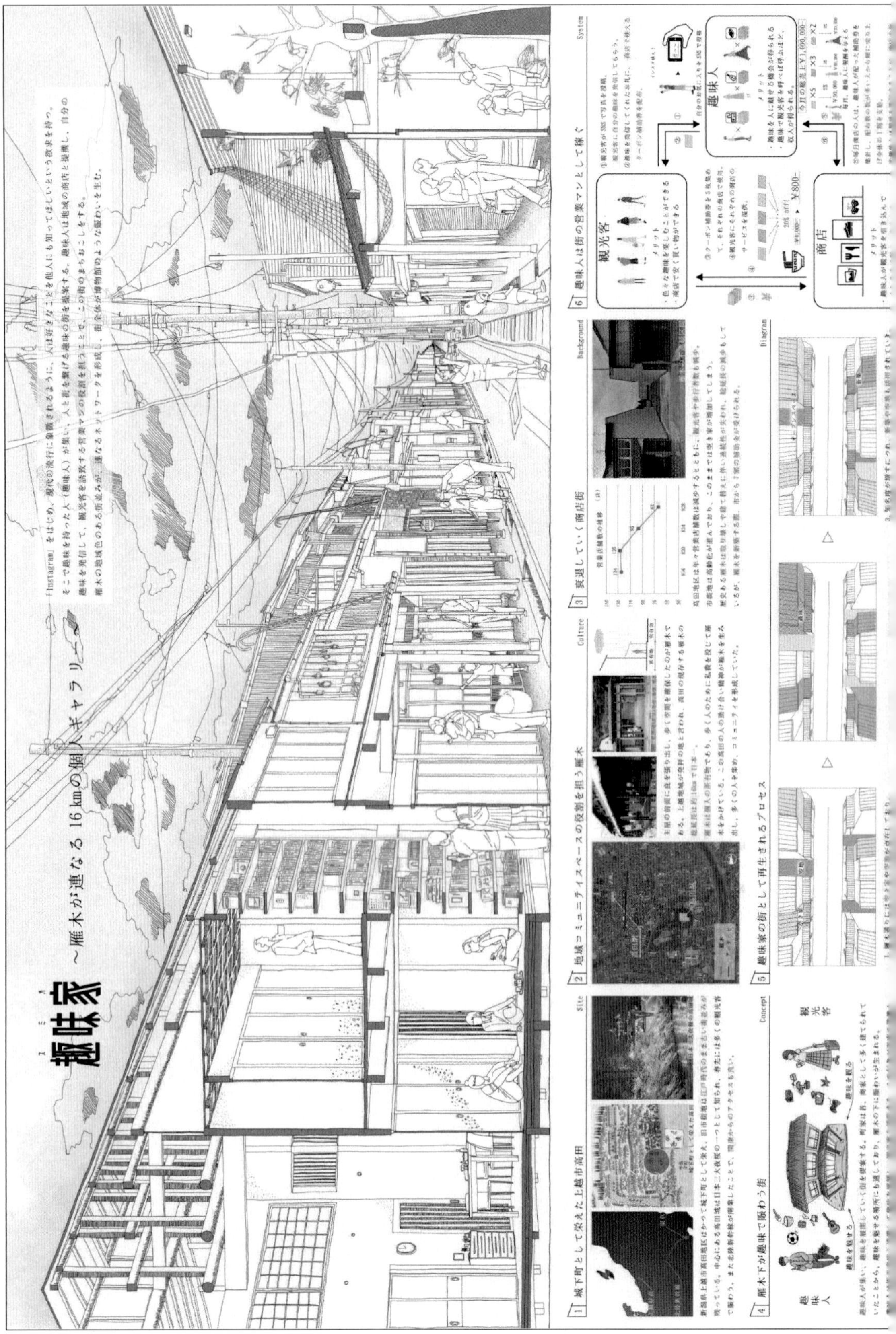

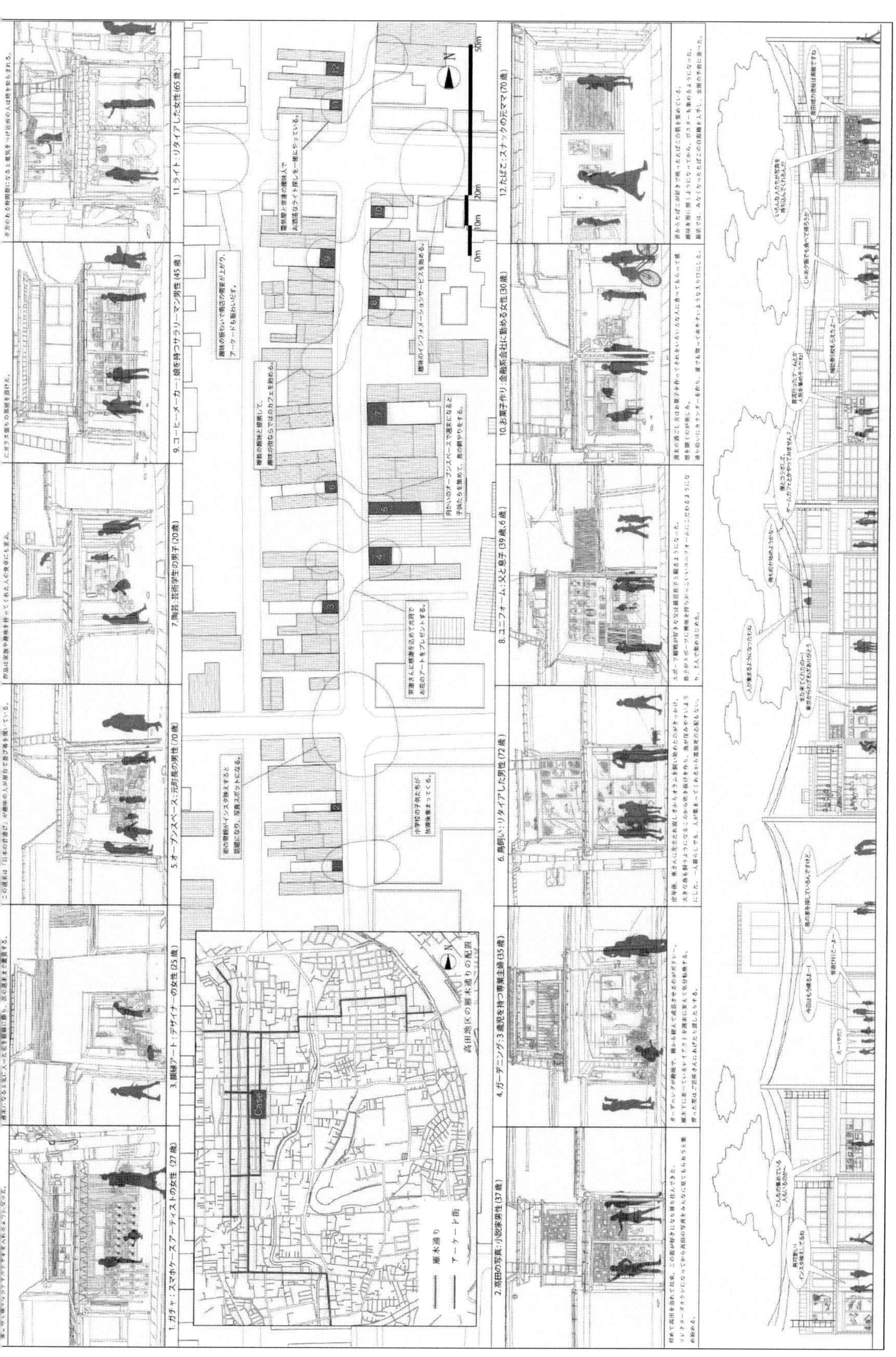

全国講評

城下町として栄えた上越市高田地区は、雁木の街並みをもつ。建ち並ぶ商店から大きく張り出された連続する庇の下に歩行空間を形成する雁木は、深雪地域に多くみられ、独特の景観をつくってきた。高田では、最長雁木の総延長は16kmにおよぶ。しかし、高齢化が進み、店舗が減るにしたがい、観光客は減少した。計画案では、雁木の連なるエリアを“趣味人の街”として再生しようとする方向性が示された。商家として建てられた町屋は、趣味の行為と成果をみせる場に適している。趣味人は、さまざまな趣味を展開することで、観光客を誘致し、街に新しい経済をもたらすと想定された。空き地、空き家、新築・既存の家などを利用し、「日本の昔遊び」「陶芸」「お菓子作り」などの趣味の場をつくるところから、新たな街並みが生成する。雁木は、個人の所有物で、私費でつくられたコミュニティ空間である。この関係を受けつぎ、個人の趣味の集積から新しいコミュニティ空間をつくろうとしたアイデアは、新鮮で、高く評価される。計画案は、地区再生のプログラムを提示すると同時に、“趣味家”の多彩なファサードを表現した。もう一歩ふみこんで、街の人たちがどういう生活を営み、それを包む家屋はどういう空間なのかを描くと、さらに良くなったと思う。街は、ファサードだけでできているのではないし、建築のファサードは、それ自体のデザインだけではなく、暮らしの様相から生成する。

（平山洋介）

タジマ奨励賞 67

旅するモバイル、共有するコア

松村貴輝
熊本大学

CONCEPT

私は、新しい住宅の姿としてモバイルハウスとそれが集うコアハウスの組み合わせを提案する。モバイルハウスには自分の好きなもの、得意なことを乗せ、コアハウスでそれらを提供する。また、コアハウスを提供する側もモバイルハウスがコアハウスにドッキングする度に課金されるシステムとする。モバイルハウスが集うコアハウスで経済活動が生まれ、それを起点にコミュニティが形成されていく。

支部講評

住居を「モバイルハウス」と「コアハウス」の2つに分けている。前者がトラックと一緒になって外で仕事をして稼ぐと同時に個室的空間になり、後者が動かないインフラ的共用空間になる。両者の結合によって居住空間が成り立つという提案がユニークで評価された。ある意味、プラグインではあるが、機能主義的な結合という合理性よりも、移動生活すら楽しむという旅人的な気楽な居住の在り方が理念的な押し付けがましさを排除している。提案されている建築も平凡な倉庫風であり、大らかさとリアリティを感じる。ドローイングも、こういう仮設的な居住をする人たちも現実にはいるかもしれないと思わせる説得力がある。

（鵜飼哲矢）

Concept

今住んでいる自分の住宅を思い返してみる。リビングでは家族とテレビを楽しみ、ダイニングでは食事をとる。自分の部屋も必要で、本を読み終わったら寝る支度をする。最近は少なくなったが、近所の人との付き合いも大切だ。考えてみると、生活する場やプライバシーの確保、コミュニティの醸成など多くの役割を私達は住宅に求めている。中でも、プライバシーの確保とコミュニティの醸成は両立が難しい。そこで、住宅に「稼ぐ役割」を付加し、住宅が積極的に経済活動に参加すれば今までとは違った、新しい住居住宅地区の風景が見えてくると考える。

しかし、私達が今まで住んできた住宅の形にこれらすべての役割を求めることは可能であろうか。既存の住宅の殻をやぶるにはどうしたらいいのだろうか。

そこで私は、新しい住宅の姿として「モバイルハウス」とそれが集う「コアハウス」の組み合わせを提案する。既存の住宅に与えられていた役割の内、プライバシーを確保する役割をモバイルハウスに、生活する場としての役割をコアハウスに与え、役割を補い合う。また、モバイルハウスには自分の好きなもの、得意なことを乗せ、コアハウスでそれらを提供する。また、コアハウスを提供する側もモバイルハウスがコアハウスにドッキングする度に課金されるシステムとする。モバイルハウスが集うコアハウスで経済活動が生まれ、それを起点にコミュニティが形成されていく。

Site 熊本市中央区坪井町

県道337号線
国道3号線

旅するモバイル、共有するコア

CAFE
日本酒
Japanese Sake Festival

1. コアハウス

コアハウスとはトイレやキッチン、風呂といった生活インフラを最小限かつコンパクトに備えている。今までの住宅には1世帯ごとにこれら生活インフラを備えていた。

元来、これらは24時間必要なものではなく、必要になればモバイルハウスとドッキングすれば良い。コアハウスはモバイルハウスユーザーにとって、生活を支えながらも仲間と集まれる秘密基地のような存在である。

CORE

2. モバイルハウス

モバイルハウスは自分自身の個室として機能する。運転席の上の空間が主に寝る場所になっており、荷台部分は自分の趣味・好きなものが詰まっている。一坪の面積で狭い分、自分にとって本当に必要なもの、思い出深いものが残っていく。今までの旅で出会った地酒や郷土料理、洋服などの他に、歌やダンスなど自分の得意とするものを乗せて各地を渡り歩く。

3. 広がるコミュニ

モバイルハウスにより、場所やお
など様々な制限から縛られない生活
実現できる。また、モバイルハウス
ザーにとって、コアハウスがどこにあ
かはさほど重要ではなく、一番はそ
に集う人との出会いである。

コアハウスは都会から田舎までど
にでも存在し、モバイルハウスとコ
ハウスを起点にしたコミュニティが
各地に展開する。

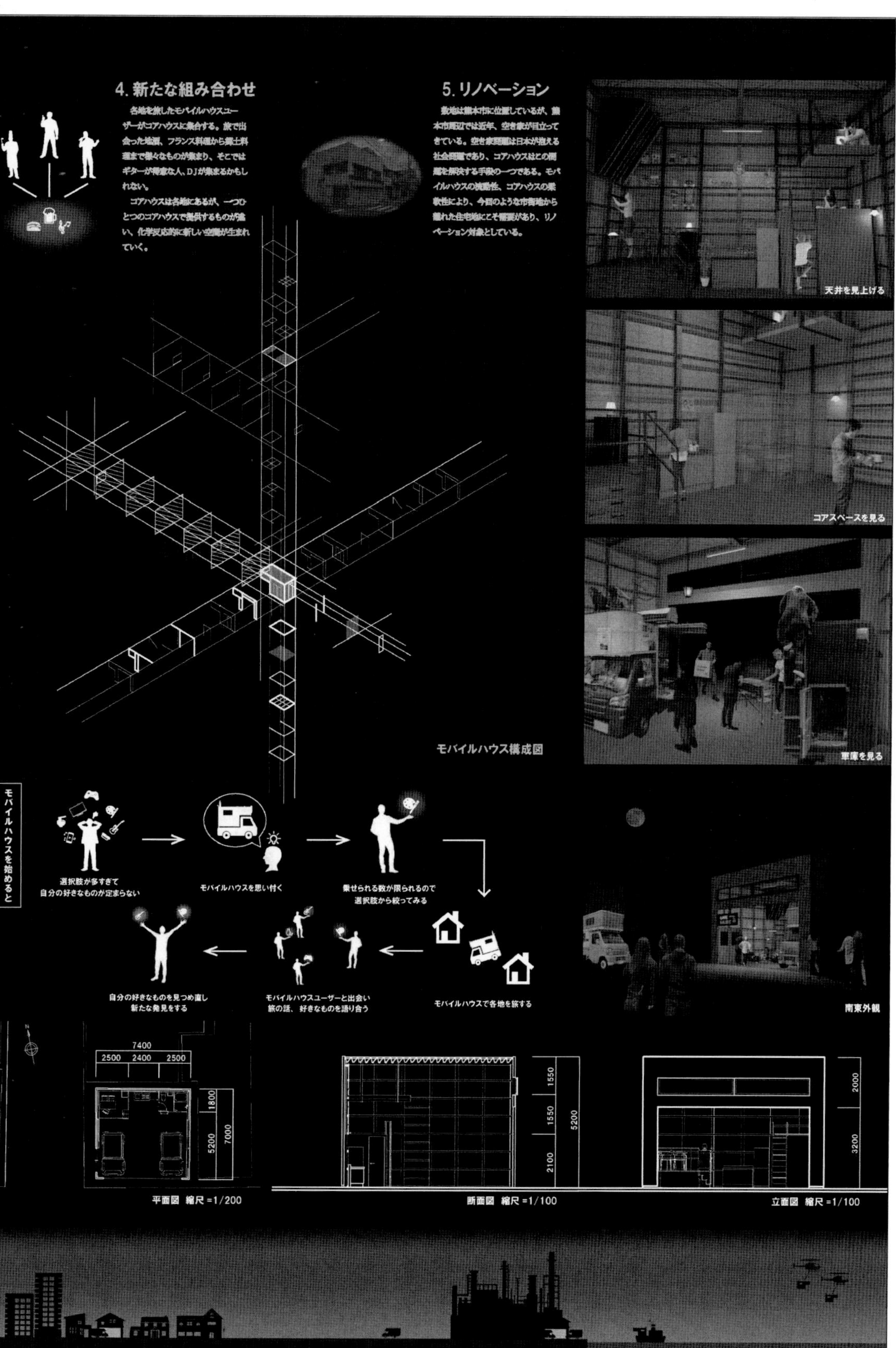

全国講評

キャンピングカー風の「モバイルハウス」にプライベート部分を持たせ、トイレ、キッチン、風呂といった生活インフラは「コアハウス」が担うというモジュール型の新しい「住宅」の提案となっている。プライベート部分が減り、コモンの部分が増えるというのは近年浸透しつつある様式であり新しさは感じない。本提案の新しさは、移動するプライベート空間と固定されたコモン部分の組み合わせから生まれる多様性や創発だろう。ここで生まれる魅力的な人々の交流や暮らし、そしてそれを実現する仕組みが描かれているとよかった。また、ここでは人々はどのように「稼いで」いるのだろう。この新しい暮らし方から、多くの経済活動が生まれるだろう。そこまで描き切ってほしかった。

（松行輝昌）

支部入選作品・講評

支部入選 1

この街を巣食うホタル
～喫煙型環境共生コミュニティ～

原大介　山本麗
蓑島福子
札幌市立大学

CONCEPT

現代における禁煙主義は、喫煙者たちを絶滅の危機へと追い込もうとしている。安住の地である住宅でさえも、気を使う時代だ。しかし、百害あって一利なしと考えられていたタバコにも、私たちは可能性を見出してみたい。「住む」ことに限定された役割ばかり果たしてきた真駒内の住宅圏、ここに「住む」という行為のなかでも最も嫌悪されている「喫煙」を全面的にシステムに組み込み、コミュニティ・緑・賃金を稼ぐ建築を提案する。

支部講評

日々禁煙エリアが拡大している今日において、絶滅の危機に瀕するホタル（喫煙者）が持つ可能性を引き出し、喫煙によるコミュニケーション、タバコの灰の再利用、新たな産業の創出等により、喫煙者と非喫煙者が共に暮らせる環境共生型集合住宅を創ろうという意欲作。一見、現実味に欠けた作品に見えるが、実は物語や建物を構成する様々なエレメントについて、ラフではあるが一つずつ根拠を示し、全体を不思議な説得力で包んだ提案となっている。作者が持つ社会へのアイロニカルな視点やモノ・コトに対する独特のバランス感覚、手描きのプレゼンテーションが、リアリティに欠ける部分を補い、よくできたSF映画のような魅力を持つ作品に昇華させている。

（赤坂真一郎）

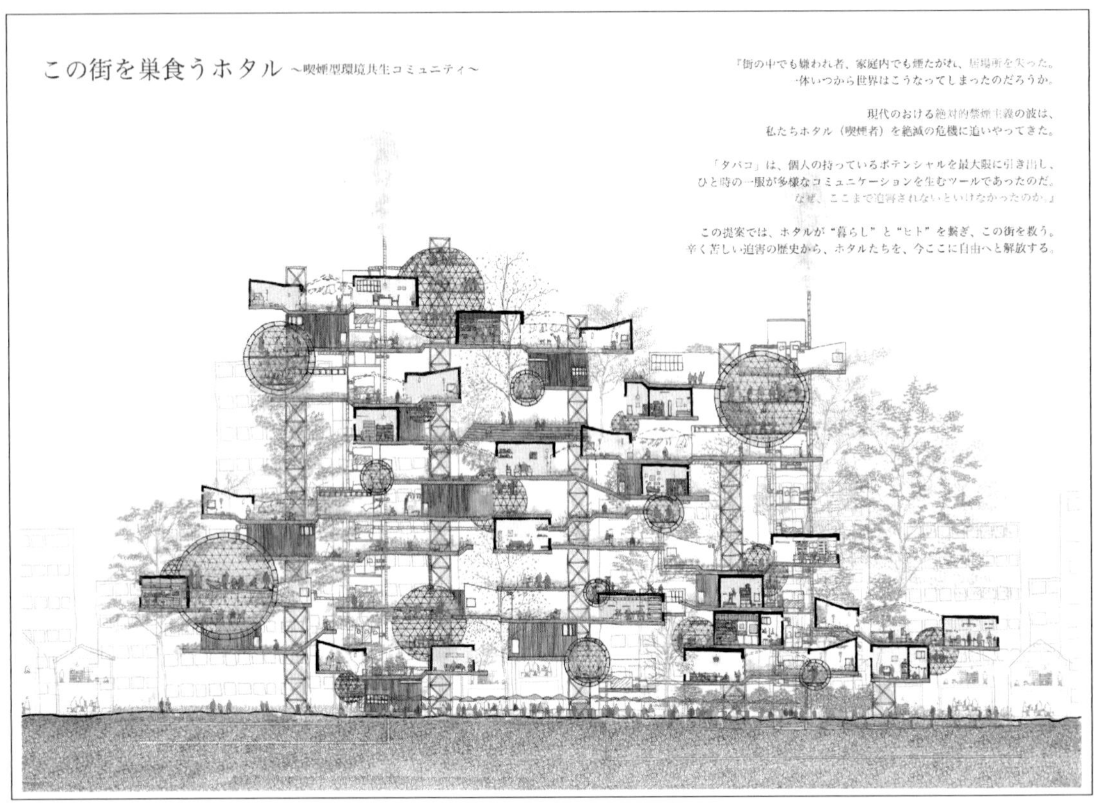

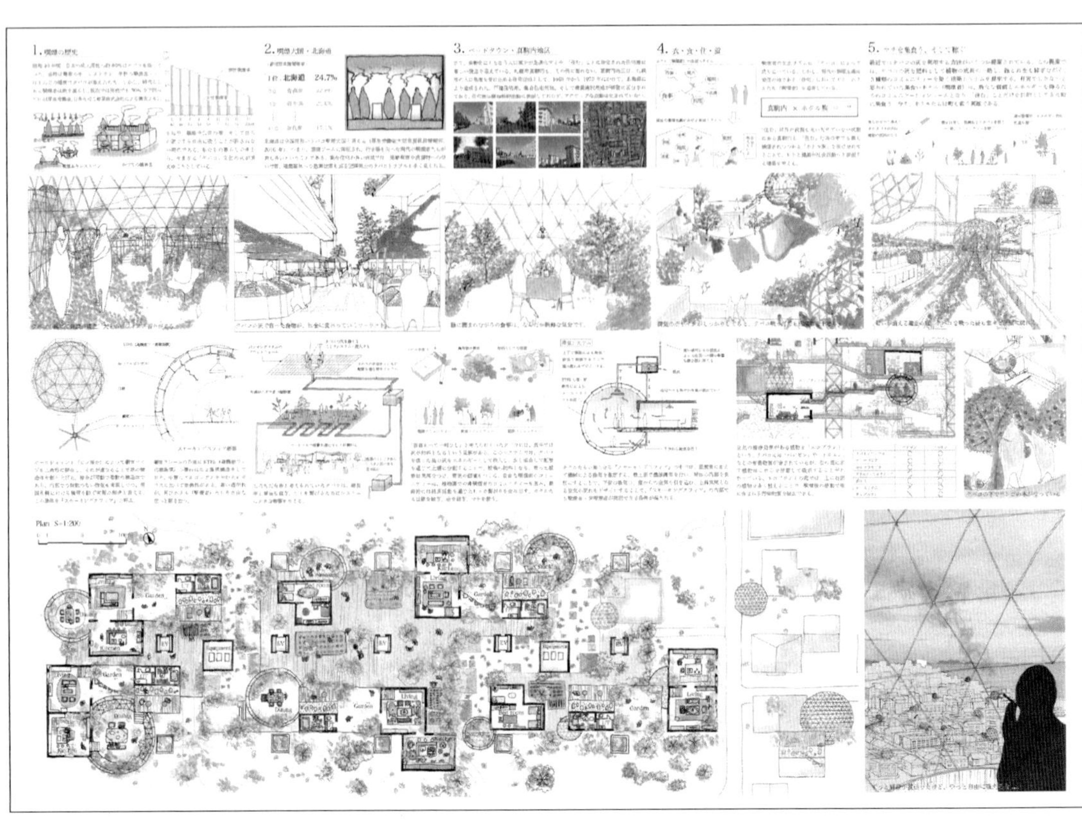

敷地を育てる家々

岡本大　小林賛
浅野樹　野口翔太
室蘭工業大学

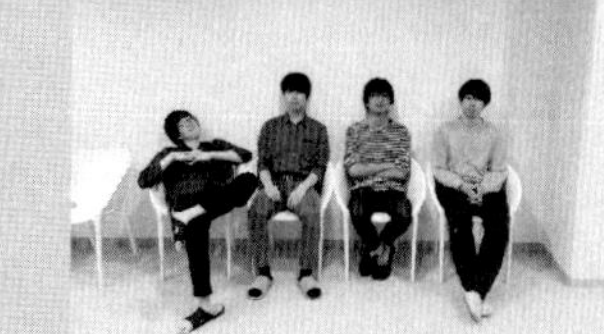

CONCEPT

建物は人の存在がなくなると、朽ち始める。設備は不能となり住むことが困難となる。反することを考えてみると、住むことは価値を与えることと言える。その価値は他の者にも価値として認識され、まるで商品のように様々な人を経由し、新たな価値を生み、循環する。その循環の先にはきっと、何者にも予測のつかないような価値を見出し、敷地をまるで生き物のように育てていくことになるだろう。

支部講評

打ち捨てられていた土地に人々が楽しく暮らすことによって価値が作り出され、それに魅力を感じた人々が移り住んでくる。新たな住人はさらなる価値を生み出し、価値創出の良き連鎖が繰り返される。そんな物語とそれを実現する建築の提案である。ここにあるのは画一的に開発された無機質な風景とは違い、小さな島の小さな村にあるような、人々の細やかな配慮と気づきがもたらすみずみずしいディテールに満ち溢れた風景が広がっていることだろう。その生活のみずみずしさこそが価値である。SNSによって拡散され、コミュニティを拡大し、経済圏へと踏み出せる可能性は十分にある。ここには絵空事には終わらないリアリティがある。

（久野浩志）

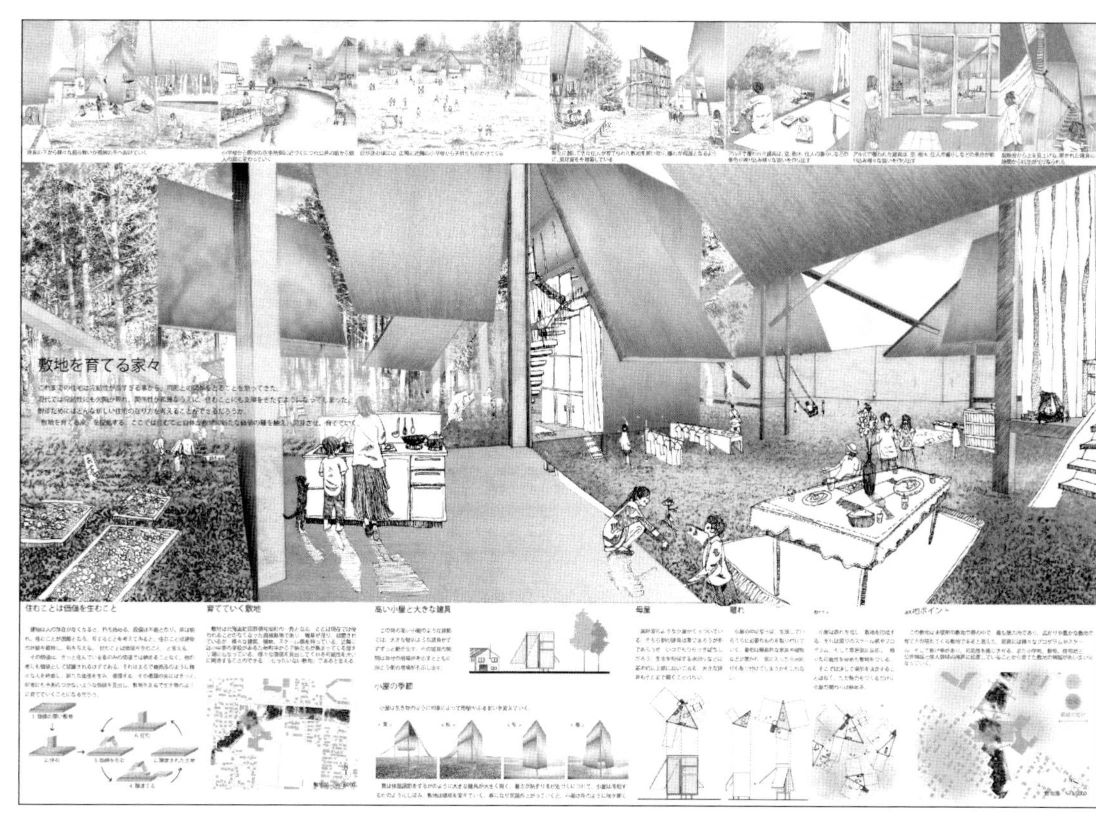

支部入選 3

結
—海の布で町を縫う—

向山友記　河野雅輝　原田彩加
阿部晃大　舘龍太郎
室蘭工業大学

CONCEPT

釧路市は昆布採取を発端として興ったが、市内の炭鉱業の発達やそれに伴う人口増加により、住宅地は拡大し、昆布漁は市街地から離れた東部に追いやられた。現在の町に住みながら昆布干しという釧路の原風景を取り戻すことはできないだろうか。町に残された炭鉱鉄道や空き家などのストックに対し、転用および場を付加する。住宅間・地域間を昆布生産による関係で結びつけることで、住宅が地域と一体的に「稼ぐ」システムを提案する。

支部講評

北海道沿岸とりわけ道東・釧路の基幹産業のひとつ昆布漁に着目した提案。昆布漁は、採取から加工まで手作業に負うため、働く姿と住まい、その両方が地域の季節の風物詩的風景となってきた。近年、当地の炭鉱産業の発達と市街地拡大、その後の人口減少により独特の風景が変貌し失われてきた。そうした現状を認識しつつ、あくまでも昆布漁の視点から、働く場を整理し、住まいを再構築する。具体的には空き家活用による作業場の確保、炭鉱鉄道利用による作業効率化など魅力がある。しかしながら、どこか空虚でスケール感の喪失した印象もある。市場経済としての食品の視点、その作業詳細に迫ることで、密度が提案に織り込まれる可能性を期待した。

（山之内裕一）

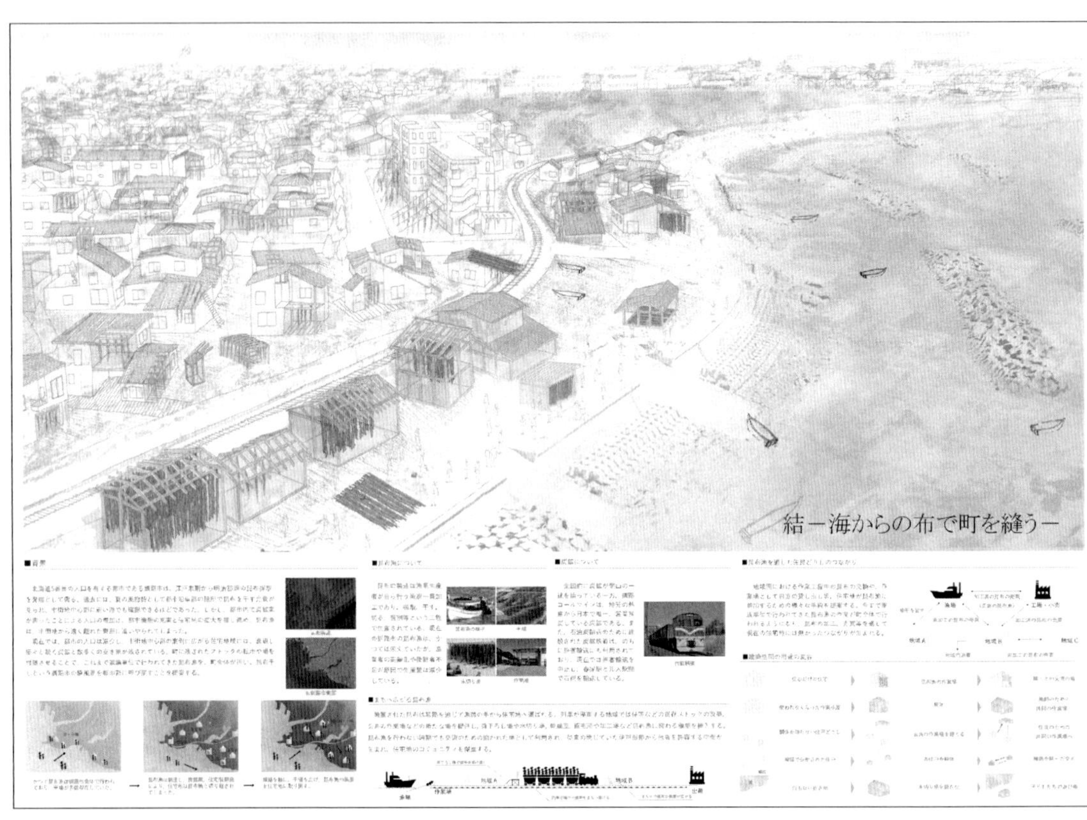

支部入選 4

個の集まり。それは現農風景の再提案。

佐藤大樹
東北工業大学

CONCEPT

かつて農業は生活と密接に関り、地域のコミュニティを形成し経済や家計を支える存在であった。今回の敷地である大崎市もその1つだ。しかし今はどうだろうか。農業を営む人は年々減少し、農協（JA）の言いなりになり高価な農機具を買い営んでいる。その結果、生活することが困難になり農業をやめていく要因になった。本計画においては、農協に関わらない地域の個の集まりにより集合の風景を提案する。

支部講評

大崎耕土と称される田園地域における住まい方と現代農業の課題を踏まえて、生活空間とそこに現れる風景の関係を軸に中間領域を有する住戸形式の提案である。風景の様々な切り取り方を通して大崎耕土の価値をそこに住まう人々に再認識する機会をもたらすともにそれらを近隣住戸と共有することに、田園と建築の一つの形式を生み出し家族と住戸のフレームの再構築を試みている。また、農協のシステムに依存しない新たな現代農業の可能性と新たなビジネスの種にも言及し、提案者の視野の広さが垣間見える。他方視覚的な関係だけに田園の価値を捉えている点は、大崎耕土そのものの価値の読み取りとデザインへのフィードバックに課題を残している。

（坂口大洋）

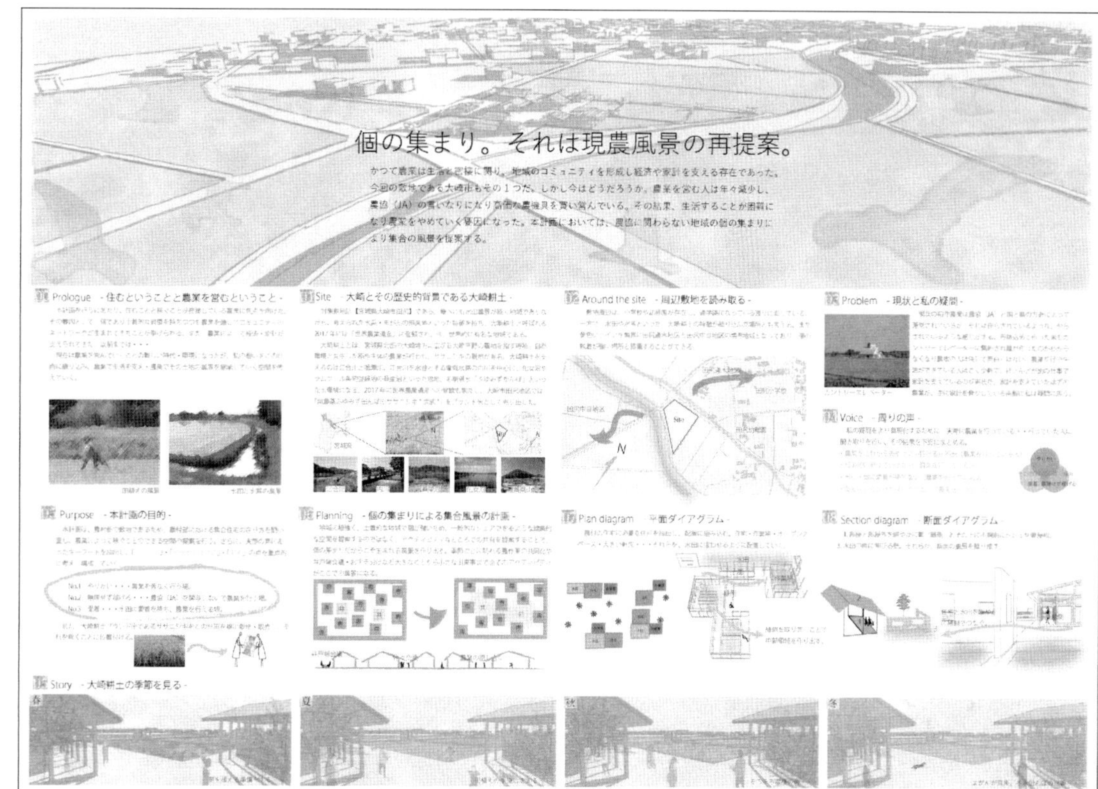

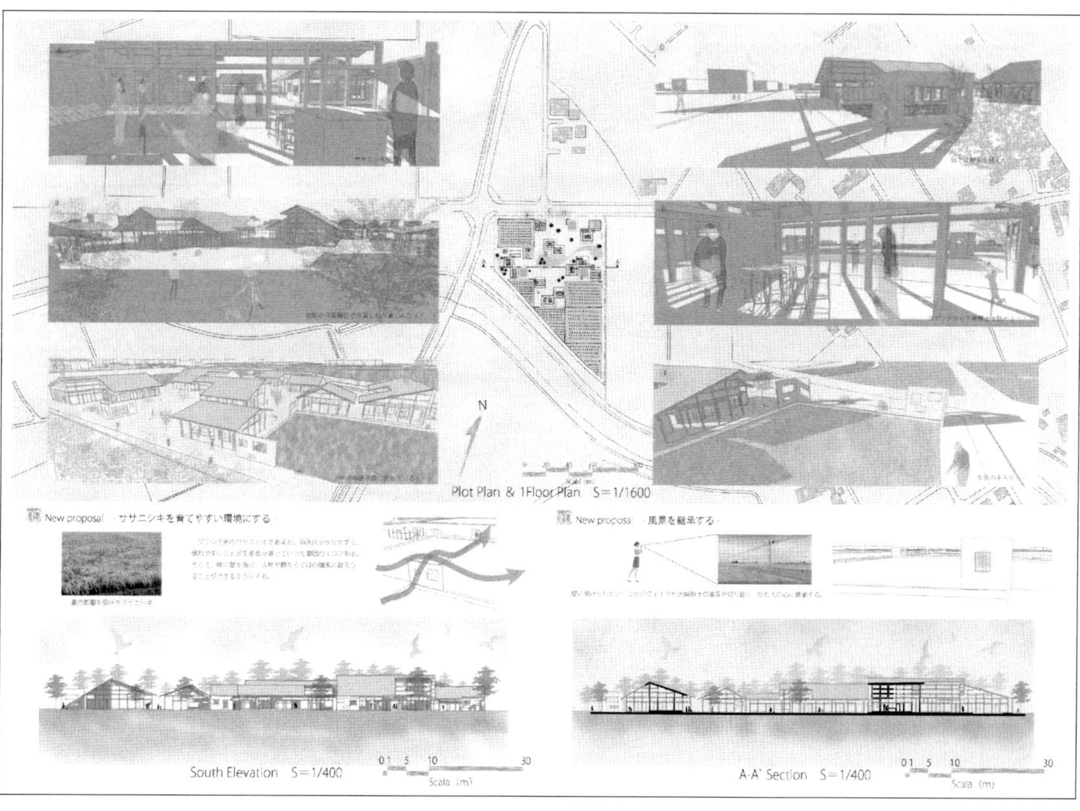

支部入選 6

新岩沼本陣
～新たなランドマークとしての可能性～

宍戸且典
東北工業大学

CONCEPT

新岩沼本陣～新たなランドスケープとしての可能性～
岩沼中央商店街は、僕が小さな子供だった頃、とても賑わいに溢れていた。時代の流れに取り残されてしまった現状を受け入れ、現代の社会に適応した新しい商店街のあり方を考える。
岩沼本陣を中心に、住宅街へ介入する商店街を提案する。

支部講評

この作品は、衰退の一途をたどる地域商店街に焦点をあて、現状を踏まえたリアリティのある再興提案に挑戦している。商店街の裏手の住宅街に広場を併設した通り抜け空間を滑り込ませ、多様性のある店舗を配することで、直線的な商店街に魅力を与えている。さらに、岩沼本陣という歴史ある地域遺産を空間の入口として活用し、期待度を演出している点が評価できる。ただ、新しい入居者が店舗裏手の居住空間に住みながら、どう商に関わっていくかが不明確であり、この地に住み込む必要性を訴える一歩踏み込んだ提案がほしかった。とはいえ、全国規模で広がる地域商店街の問題に、住宅地を巻き込んだ再開発という切り口で一般解を示した点を評価したい。

（増田豊文）

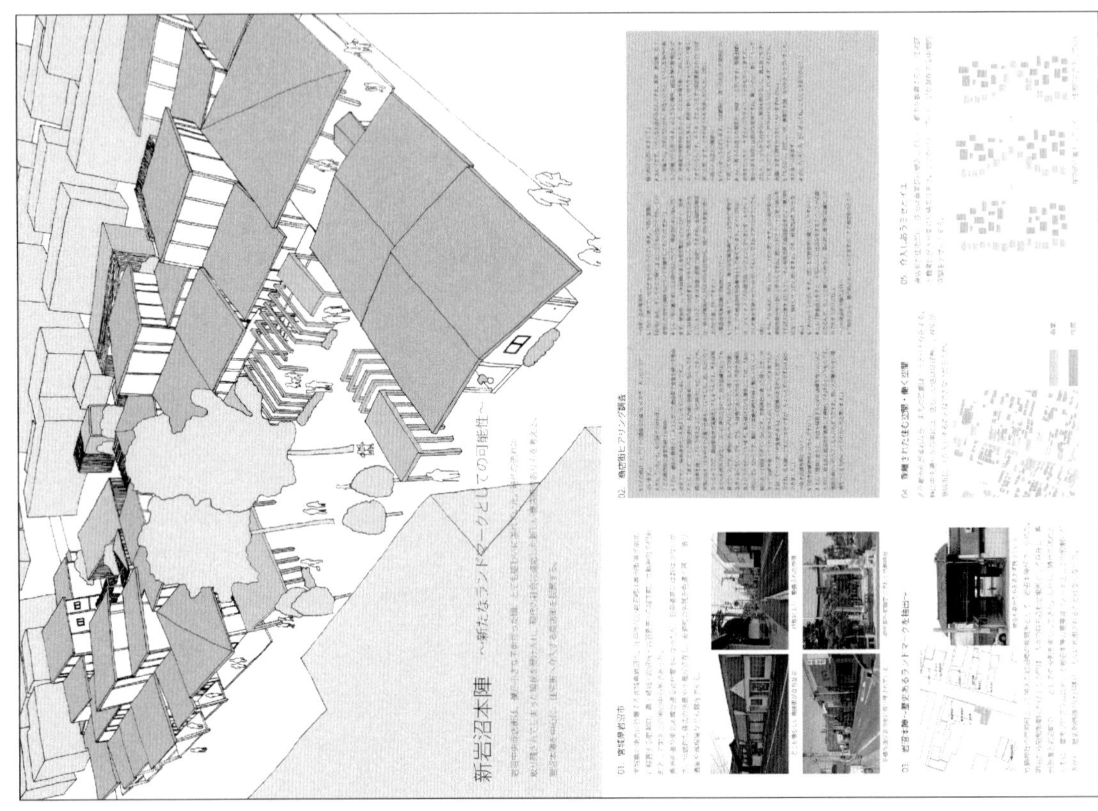

支部入選 **7**

狭間で生きる

藤巻一真
東北工業大学

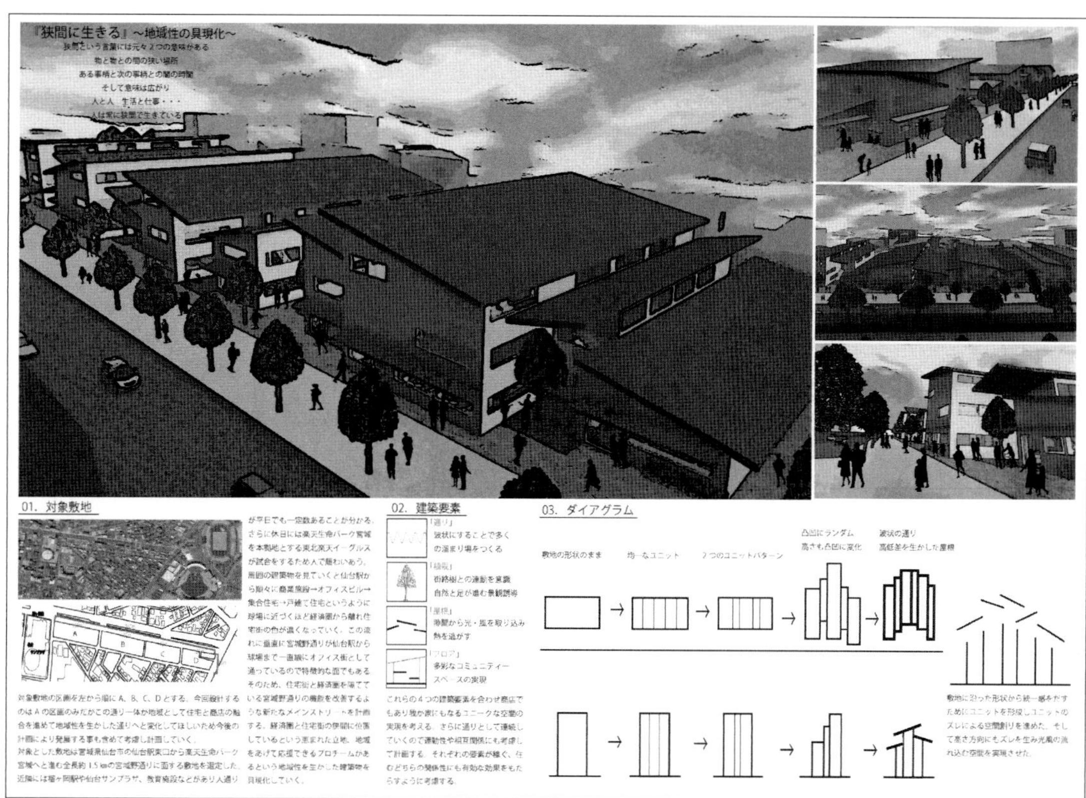

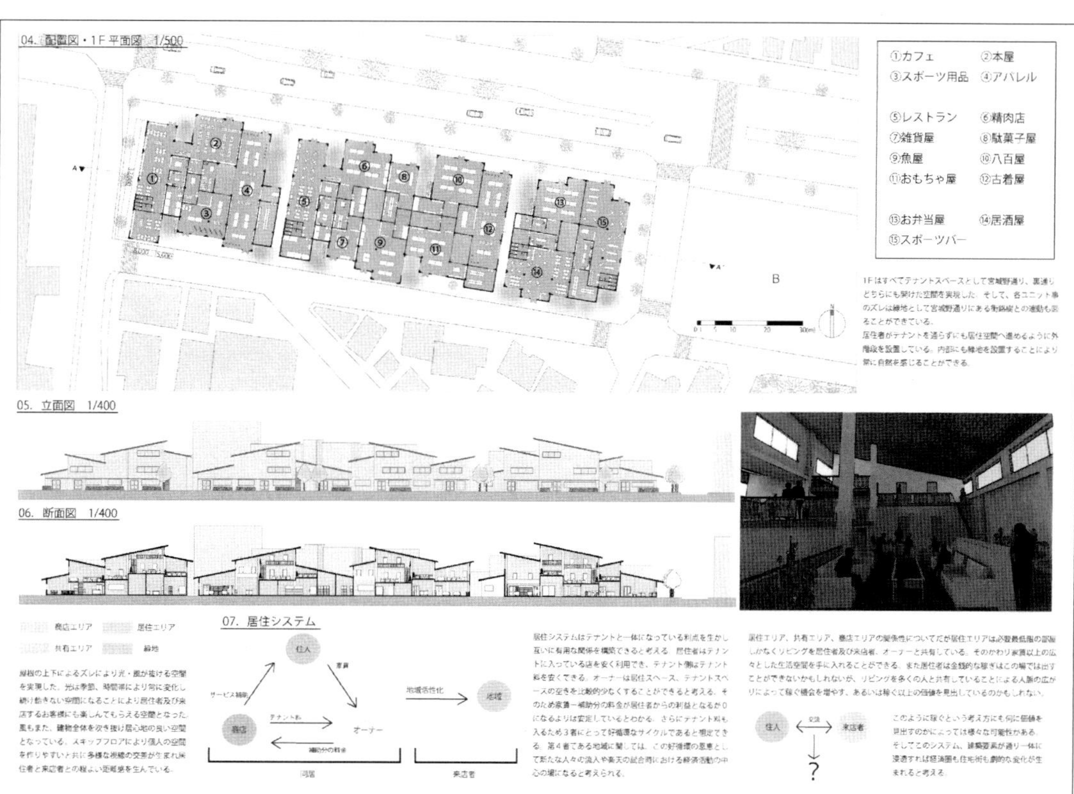

CONCEPT

狭間という言葉には元々2つの意味がある
物と物との間の狭い場所
ある事柄と次の事柄との間の時間
そして意味は広がり
人と人　生活と仕事
人は常に狭間で生きている

「住宅に住む、そしてそこで稼ぐ」というテーマから経済圏と住宅街に挟まれている人々の暮らしを豊かにする建築をしたいと考えた。また稼ぐというものには金銭的な事以外にもあると思い、その可能性にも追及していく。

支部講評

かつて「駅裏」と呼ばれた仙台駅東口は、ほぼ半世紀をかけて実施された区画整理事業によって仙台市内でも有数の人気エリアに生まれ変わった。しかし、直線的な道路や、林立するビルとマンションが支配する景観は、お世辞にも人間的とは言えない。この提案は、仙台駅東口と楽天生命パーク宮城を結ぶ宮城野大通りの一角に、住居と店舗から成る複合建築を構想したものである。近代の都市づくりによって生まれた住と商、表通りと裏通りの「狭間」に注目した眼力はなかなか鋭く、ヴォリュームのずれが生み出す分節的にして連続的な空間構成は、路地や中庭の巧みなレイアウトと相俟って、都心の生活空間に対する新たな可能性を提示している。

（崎山俊雄）

支部入選 8

AIR×Garden

吉岡徹
阿部圭太郎
東北工業大学

CONCEPT

江戸時代から続く庭が存在する弘前。庭の活用も視野に入れてオープンガーデンを提唱し、文化の観点、歴史、気候の観点からもアーティストインレジデンスと掛け合わせることを提案する。住民の自然とアーティストの芸術によるコミュニティ形成が目的。建物は徐々に壁がなくなるように設計し、武家屋敷、対馬家、の順に壁が消え、小さな建築に際しては壁がない。侍が造った歴史、育てた自然と向き合うことができるだろう。

支部講評

青森県弘前市仲町地区には、藩政時代の武家町の風情が色濃く残る。とりわけ、路地に沿って連続するサワラの生垣と、各家の庭が織り成す緑豊かな景観は、この地区の重要な特徴である。しかし、地区住民の高齢化や若年層の流出は、こうした貴重な景観の維持すら困難にさせる。本案では、オープンガーデンとアーティストインレジデンスを掛け合わせることにより、そのような歴史的景観を将来に渡って維持していくための仕組みが提示されている。「保存」が基本となりがちな歴史的景観に対し、むしろ積極的に介入できる仕組みを導入すべきであるという主張は、なるほど説得力がある。アートと組み合わせて展開したストーリーにもリアリティを感じた。

(崎山俊雄)

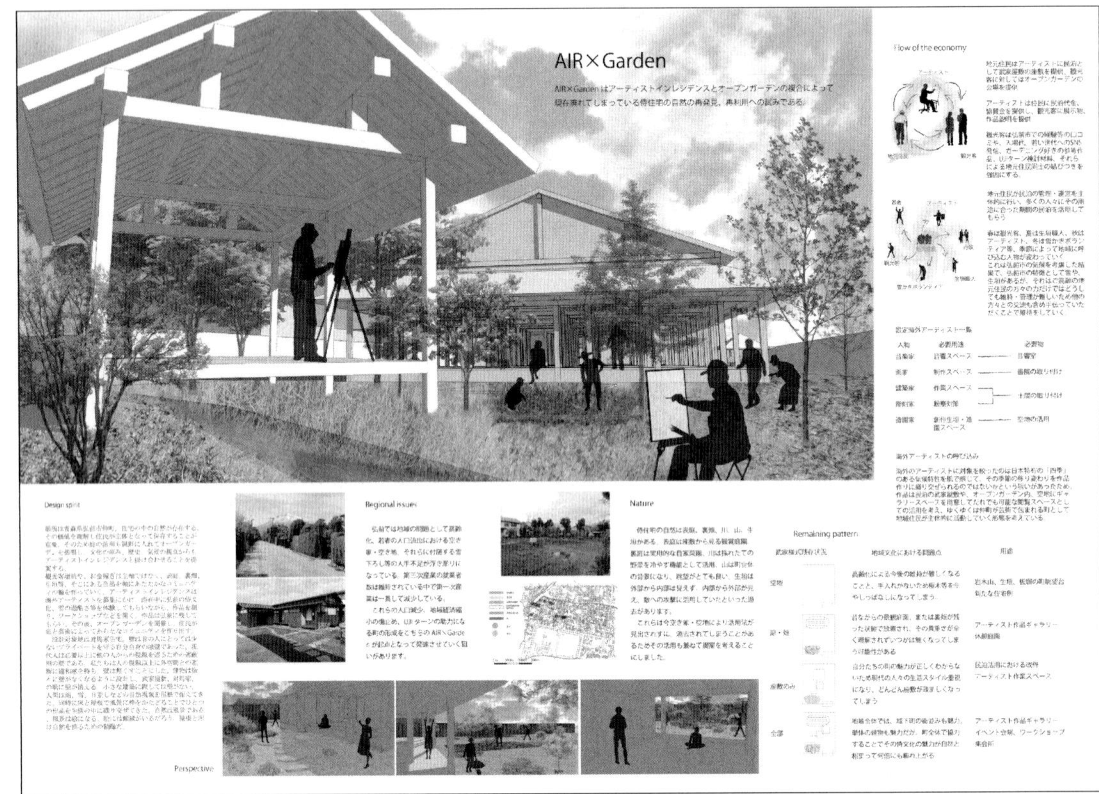

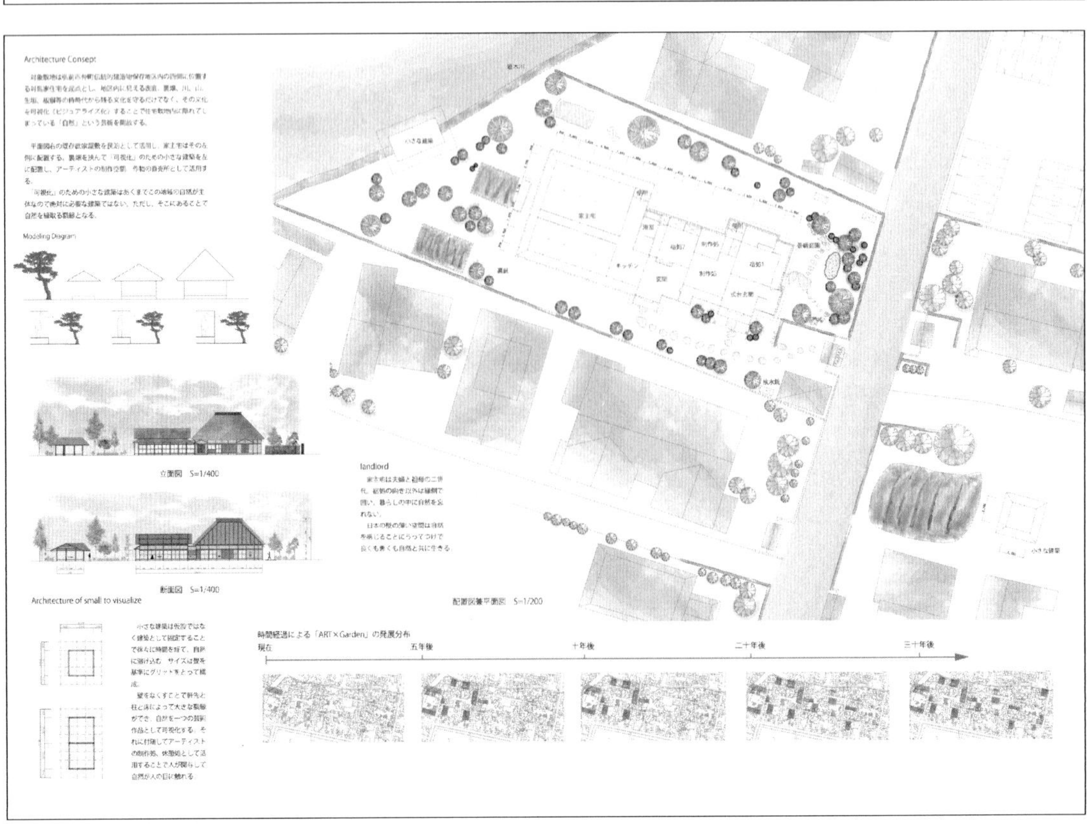

支部入選 9

都市酒蔵に住む

木下規海
慶應義塾大学

CONCEPT

昔から地域の中心の場である酒蔵は様々な業者を取り込み、生産が消費と隣り合う複雑な繋がりを持った共同体を生む。舞台はファサードで表面を資本と経済を飾る銀座。グローバルな消費の地としての街は地域性を持たず、将来における住民の拠り所がない状態である。廃業になった杜氏が都市に移り住み再開業する動きを取り込み、ここに地域に根付いた酒文化生産消費サイクルとして銀座における新しい〝住む酒蔵〟の姿を提案をする。

支部講評

住宅で稼ぐことを実現する具体的な方法が建築の骨格となり、それがこの建築ならではの住まい方へ端的にフィードバックされた単純明快な案である。銀座のビルに酒蔵を持ち込む必然性や、周辺も含めた広義な集合住宅への視点など、指摘することは多いが、一つの建築の中に構築された「稼いで住む」空間構造の明晰さがそれらを些細な疑問にさせた。断面図に表現された酒の醸造過程がそのまま各フロアの都市機能に変換され、機械である醸造インフラが一転して人間が住むための「ビルディング・ファニチュア」となる構想力は見事である。「稼いで住む」ことの解決がソフトウェアに依存する案が多かった中で、建築で解決しようとした出色の案であった。

（渡邊大志）

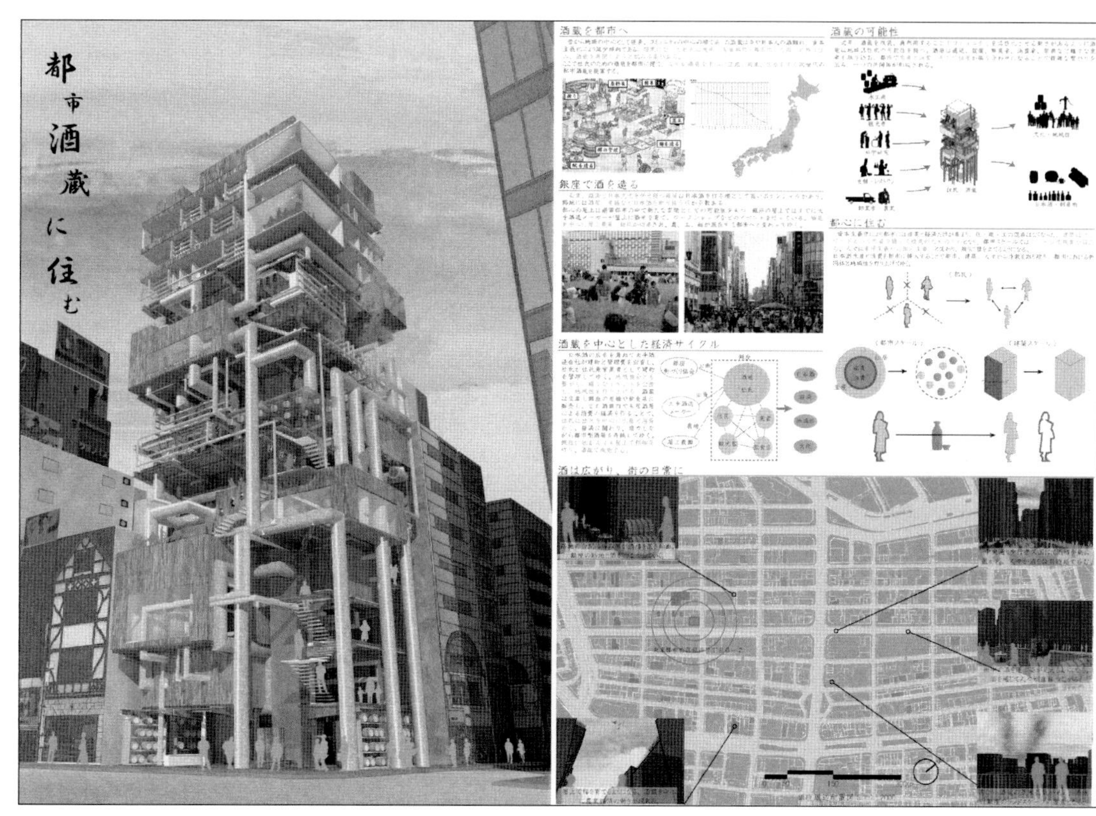

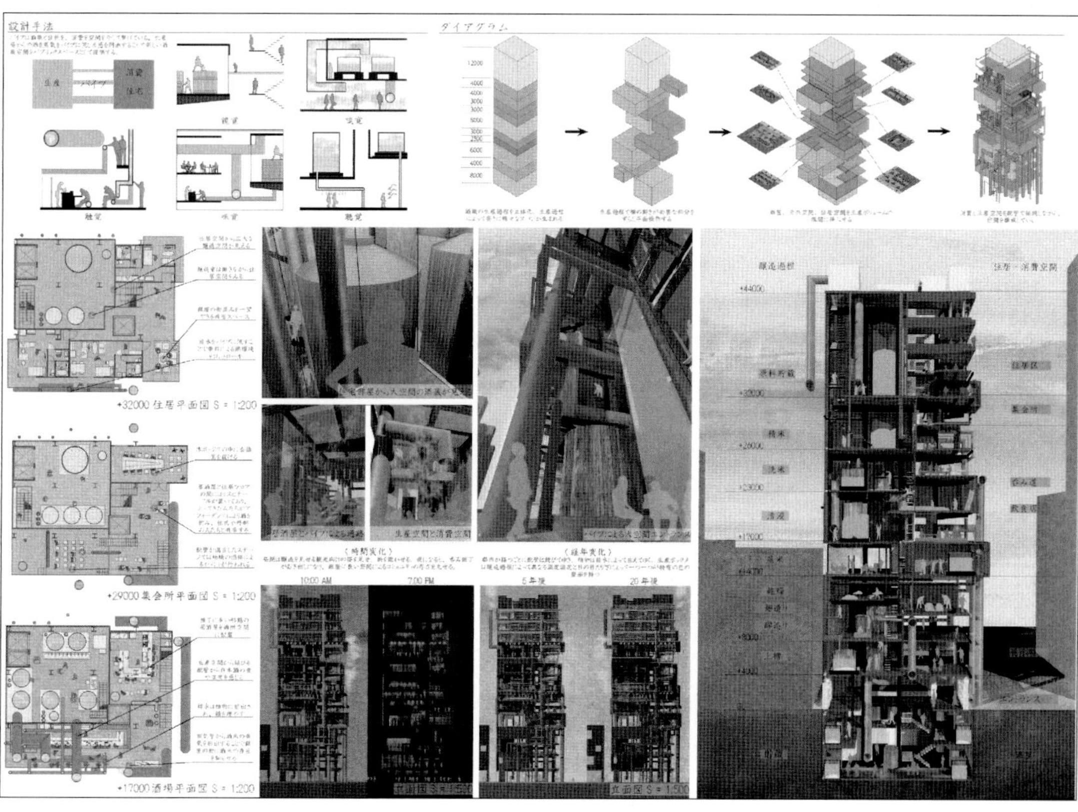

支部入選 11

駅の家

—各駅に派生するまちの風景—

塩田佳織
多田麻也子
日本女子大学

CONCEPT

東京に残る唯一の路面電車である都電荒川線の駅に住宅を付加する“駅の家”の提案。

地域に根ざした都電の特徴を生かしながら、駅の家には旅行者や学生などの短期居住の場として新たな人を呼び込む。
さらに、人々の関わり合いが生まれる地域性を持った“寄り合い”を設けることで経済活動を伴いながらプライバシーで閉ざされた人々の生活はまちに開かれる。

こうして、都電に沿って線状に駅前の暮らしの風景が広がる。

支部講評

都電荒川線は東京北部の地域を環状に走ることから、都心より放射状に延びる幹線道路や他の鉄道とその路線を直交させる。地平駅舎はおもにそうした主要なインフラとの交点に立地しプラットフォームの一端をその交差点に向けてひらく。本作品はそうした駅舎のデッドエンド側に着目しまちの共有スペースとして“駅の家”を、まるで電車が連結するように駅舎に増築し、そこでゲストとまちの住民が出会うシーンが提案されている。東京に唯一残る路面電車である都電とその沿線が観光資源として再評価されるなかで“生活に馴染みやすいインフラ”としてふたたびまちのシーンに組み戻す試みを評価した。

（田村裕希）

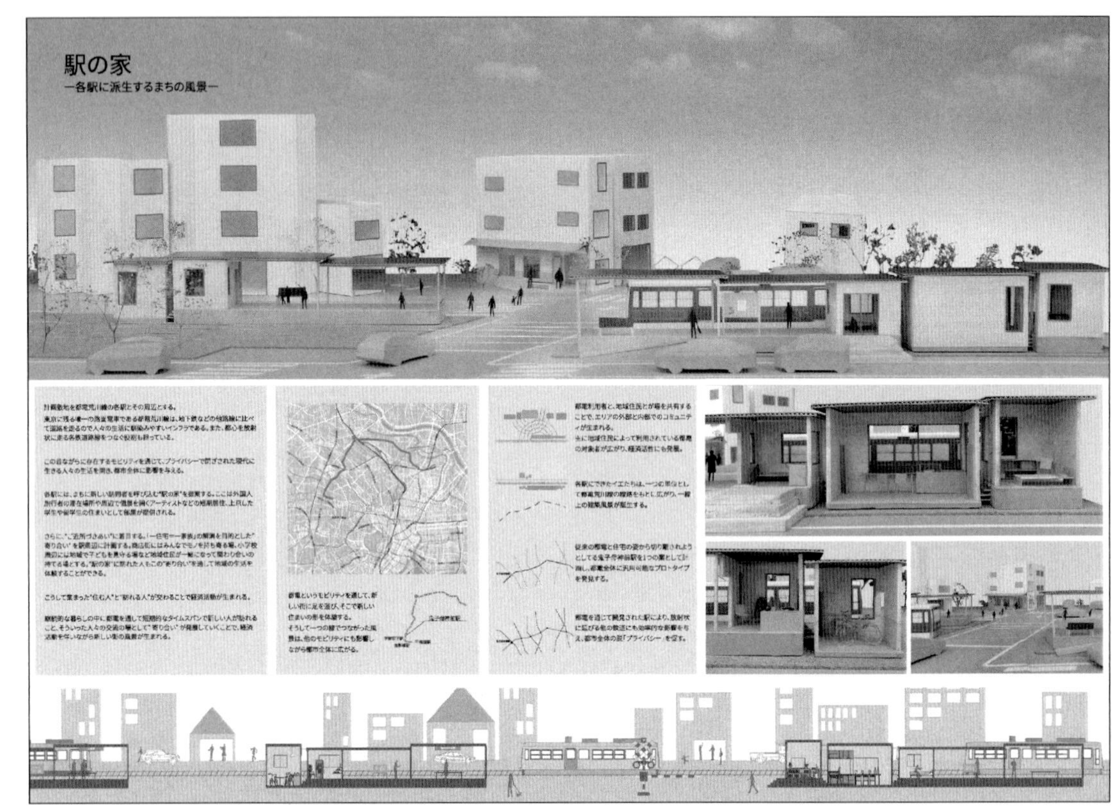

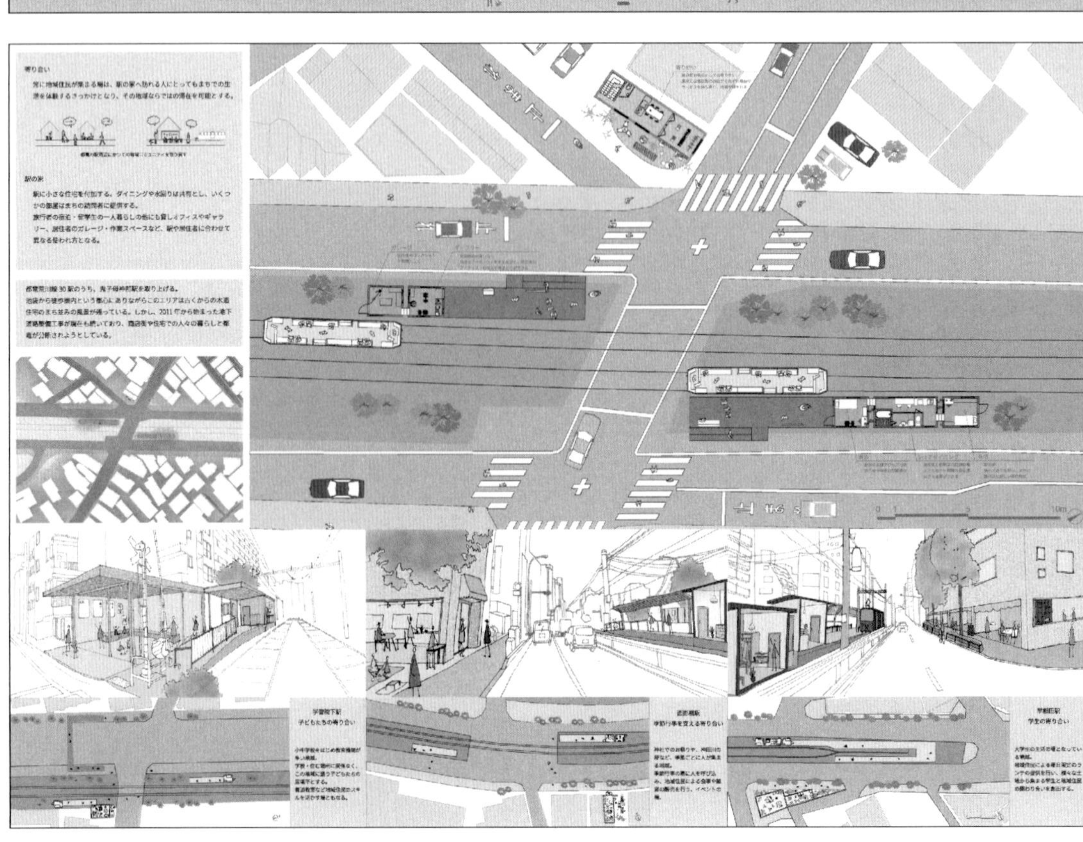

支部入選 **12**

残余地で縫う

竹島大地
米山昂佑
神奈川大学

CONCEPT

経済圏から切り離された郊外住宅地だからこそ持っている、大きな「残余地」を「価値」として扱う。この価値を住民達で扱うのではなく、運営する者・使う者といった第三者を介して回すことで、郊外住宅地に小さな経済が起こる。残余地を積極的に公に解放していくことで、これまで制限されていた住宅内部の活動が溢れ出し、住人同士の積極的な対話も生まれる。活気を帯びた風景が仕立てられる。

支部講評

既存住宅街区を「消費の孤島」の集合と捉え、その残余地を集積して住宅地に生産機能を付加することを狙った案である。生産工程の中に集団作業を組み込むことで孤立した消費型市民を再接続することを意図しているが、肝心の建築デザインに既視感があり残余地でしか実現できない空間提案にまで至っていない点が惜しまれる。屋根や床の高低差を使った工夫が見られるが、その手法そのものが現在の消費型都市で発明されたものであるため、結果として残余地が新たな消費生活の場になってしまう危惧を感じさせる。既存住宅の方が残余地に見えるなど、街区を既存の消費と生産の二項対立の縮図であることから解き放つレベルにまで案を高められたと思う。

（渡邊大志）

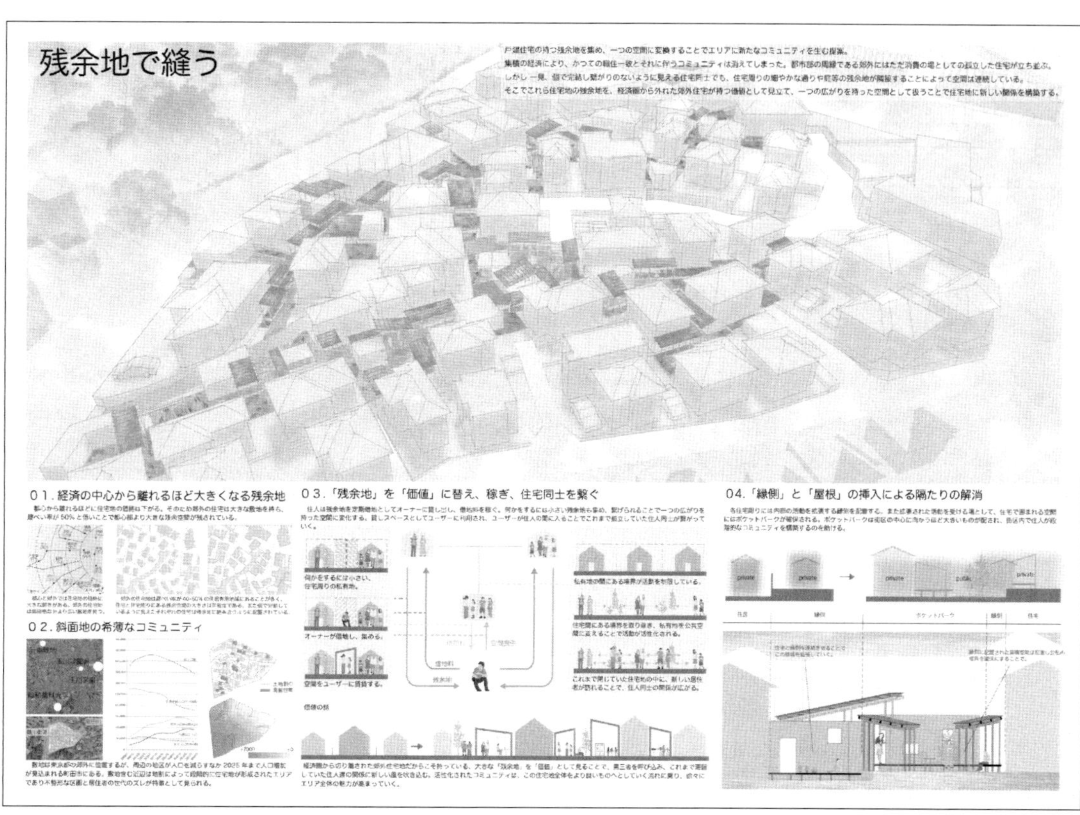

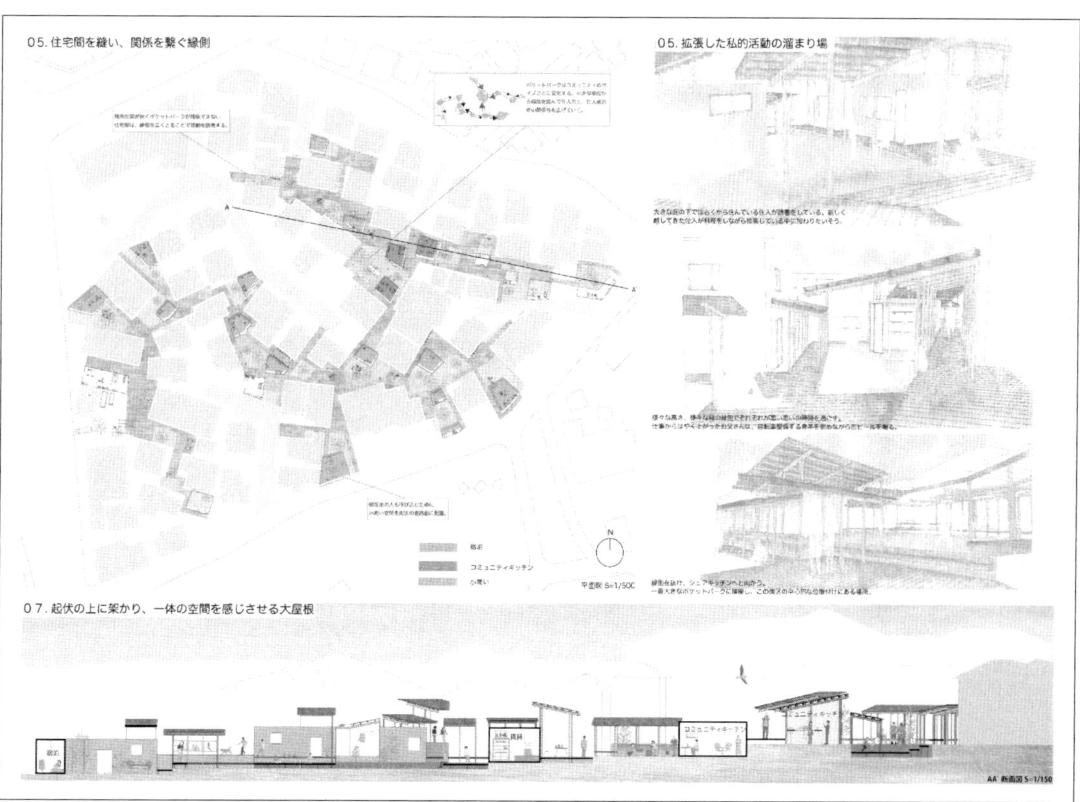

支部入選 **17**

アーケードのうえの住稼（スミカ）

前芝優也
岡田希久枝
東京都市大学

CONCEPT

「住むこと、そして稼ぐこと」としての基盤がすでに整えられている商店街の存在に着目した。提案は稼ぐことに直結したシステムではなく、商店の象徴となっているアーケードとそれに伴う住空間に新たな考え方を生み出す。稼ぐことが先行されてきた商店街において、今一度住むことについて丁寧に考えることにより住宅と商業が同じ立場になって商店街を作り出す。住むことの豊かさが商店の豊かさにつながり稼ぐことにつながる。

支部講評

街にとって大きなシンボルとなるアーケード付の商店街に居住機能を付加する事でお互いの相乗効果を狙った案である。低層で構成されがちな商店街の上部が余剰空間になっている事に着眼した発想に面白さを感じる。余剰エリアに積層された居住空間および店舗空間が建築的な街の新たなシンボルと化して生まれ変わり、そこで生まれるコミュニティーが商店街の活性化に結び付けている。積層された店舗は、商店街で単一になりがちな店舗構成にバリエーションを付加させる事で商店街に深みを増す事が可能となる。商店街の集客効果が期待できるのではないでしょうか。また、地方都市で問題視されているシャッター通りと化した商店街に一石を投じる案となってくれるのではないでしょうか。

（浜田晶子）

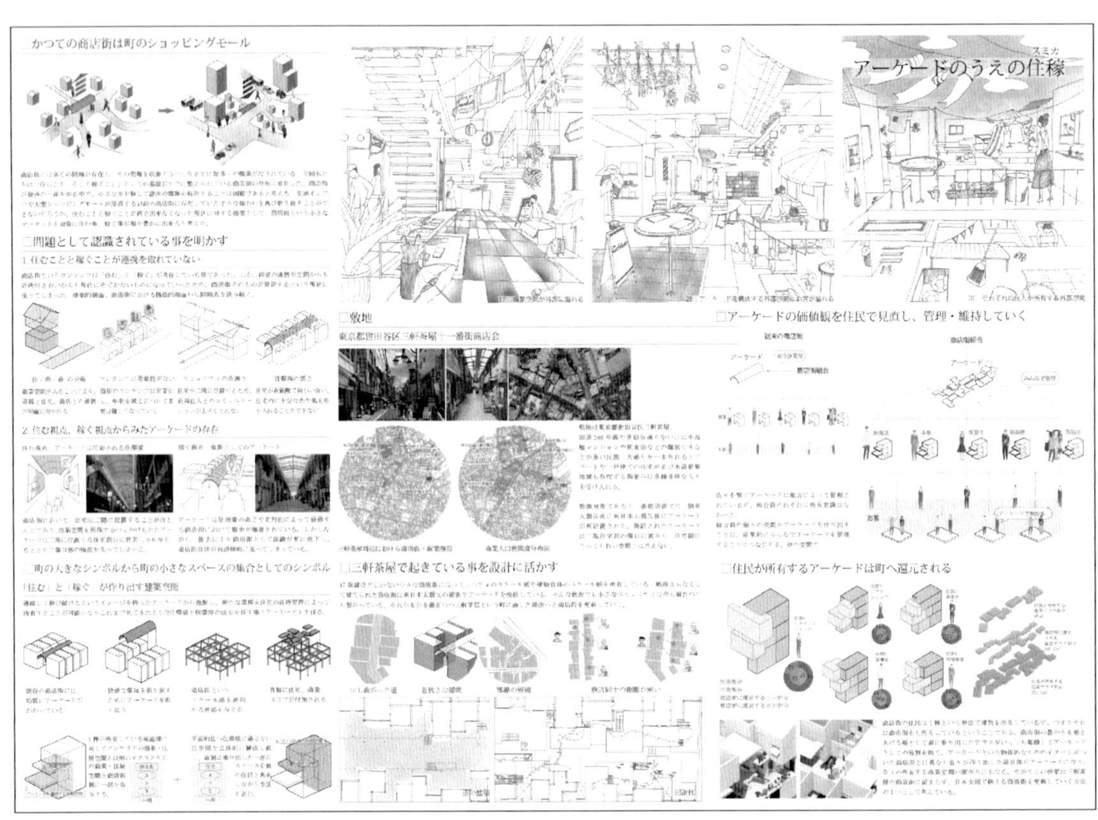

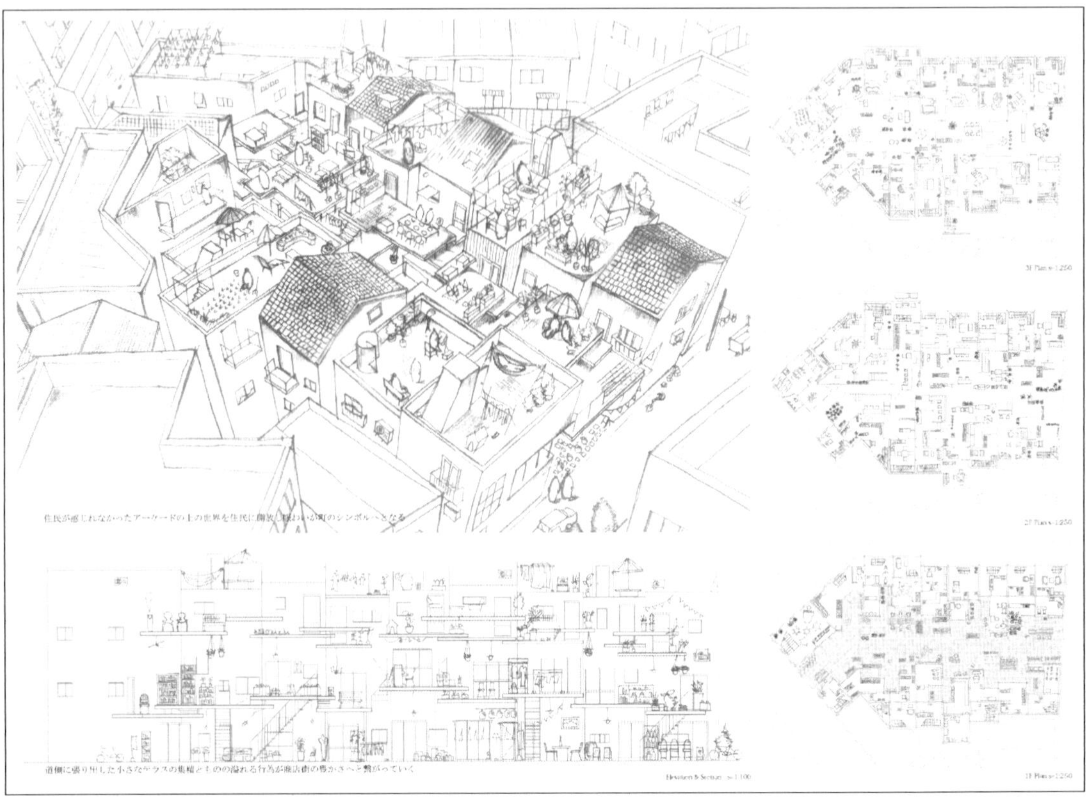

花ノ下ノ街

川音郁弥
伊藤秀峰
東海大学

CONCEPT

高台にあり、観られることを意識して開発された住宅地・湘南日向岡。カラフルな外観にトンガリ屋根が特徴的なこの場所で「稼ぐ」を考える。市内の名産であるバラが斜めに架けたネットと共に、ひな壇状に造成された地形を元在った山並みへと蘇らせる。バラの下には採集用のデッキが生まれ、住宅同士を隔てていた塀や生垣は協力して作業する場へと姿を変える。東から差し込む光の知らせで、バラの下の街の1日が始まる。

支部講評

経済圏から切り離された住宅地をテーマにする作品がいくつかあるなかで本作品は敷地の選定において目をひいた。神奈川県日向岡団地という地名を知らなくても、東海道新幹線を頻繁に使う人であれば"三角屋根が密集する住宅地"と聞けばその光景を思い起こせる人も多いだろう。本作品はまずこのエリアの"見られ方"の作法を引き受けたうえで、同時に"見晴らせる"ポテンシャルに注目する。住民が減少し部屋が余りはじめた今を見測り造成地にバラを植生させるネットを掛け渡し生産から加工、販売までを担う"バラを生業とした住宅地"を提案した。それまで住宅同士の生活を仕切ってきた塀や生垣や擁壁などを作業スペースとして再度共有することでコミュニティを回復することなどが謳われている。

（田村裕希）

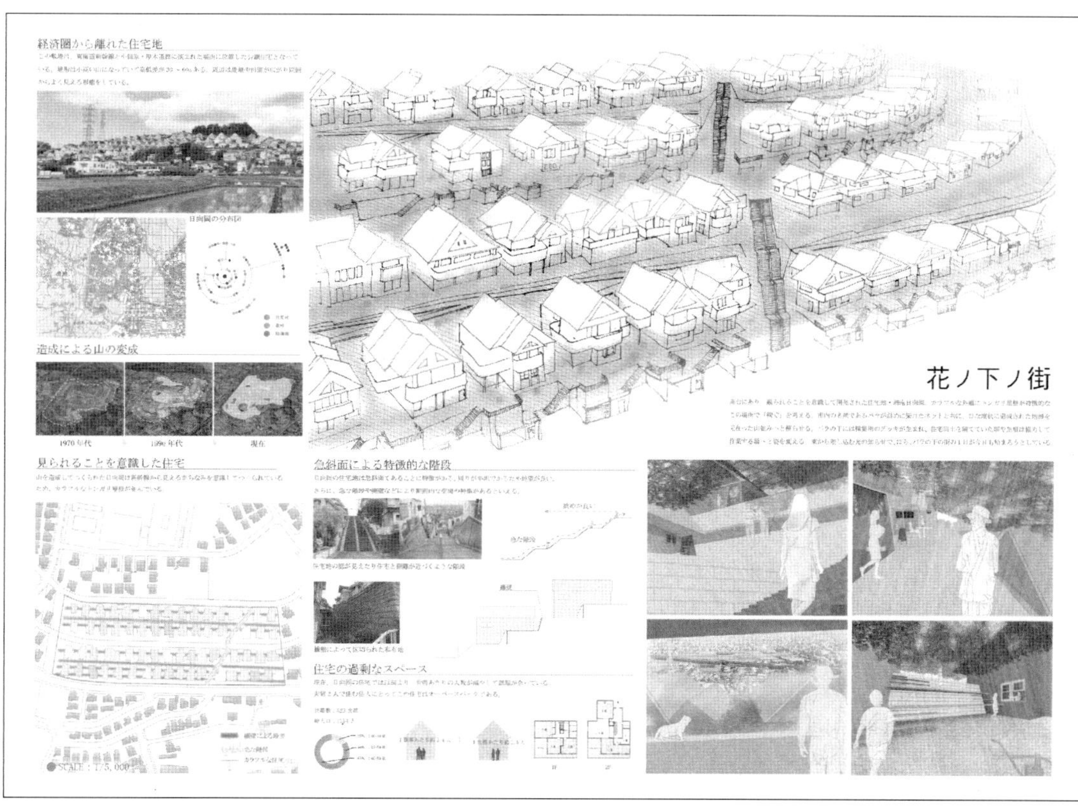

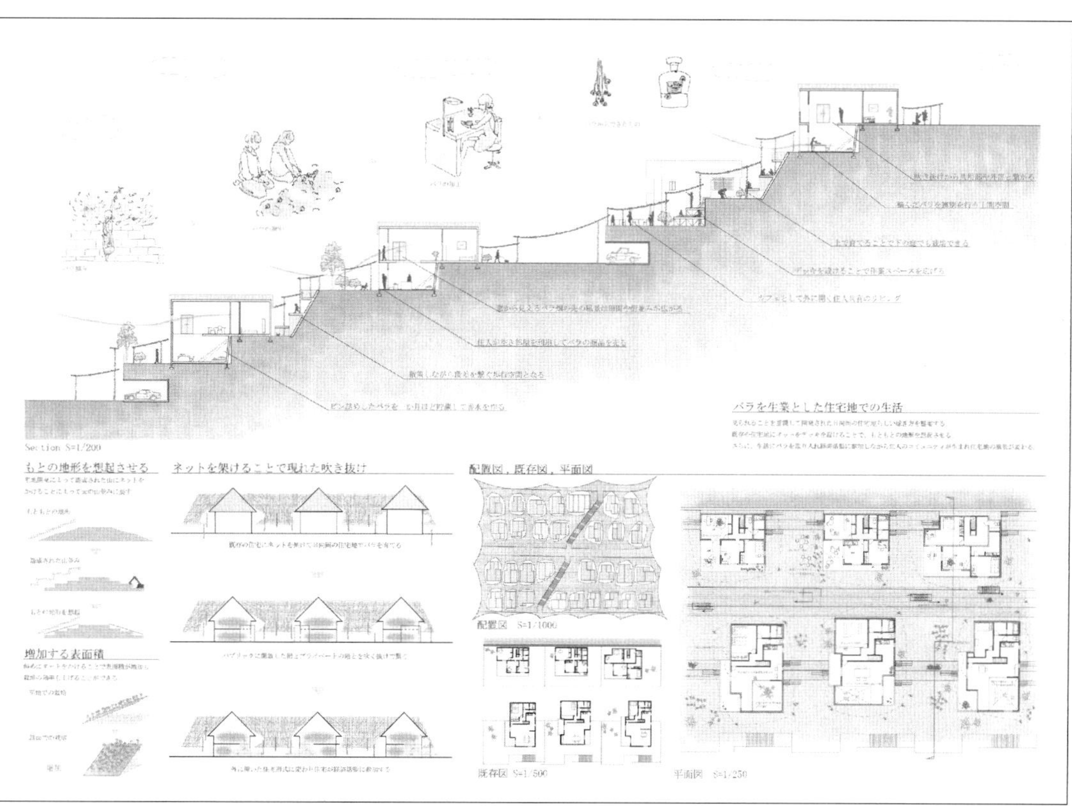

支部入選 21

明日の隙間産業は，家．

外山純輝
松井裕作
八橋夏菜
日本大学

CONCEPT

整然と並ぶビルの隙間に「家」という新たな価値を付加させる。「家」という隙間産業は社内と社会の間に新たな環境を生み出す。「家」は隙間に呼応しながら侵食し、孤立するビルを結んでいく。ビルの隙間に新たな日常が生まれる。都市の縮小化が進む現代。明日の隙間産業は、家。

支部講評

都心の古いオフィス街の隙間に着目し、その隙間に住宅を挿入するという提案である。用途地域制により住む場所と生産する場所が分けられた結果、中心市街地の居住人口の空洞化によりコミュニティ形成が阻害されている点と郊外からの通勤による個人の余暇時間の減少に着目している。街の隙間に蟻の巣のように縦横無尽に住む場所を這わせることで、それらの問題を解決しようとしている。オフィスの間に住居をつくるほどの隙間が実際にあるのか、具体的な住居として成立するのか等疑問点はあるが、住居とオフィスの境界線が溶けて絡み合い、生活の場と生産の場が一体化したようなイメージは非常に興味深く魅力的である。

（小池啓介）

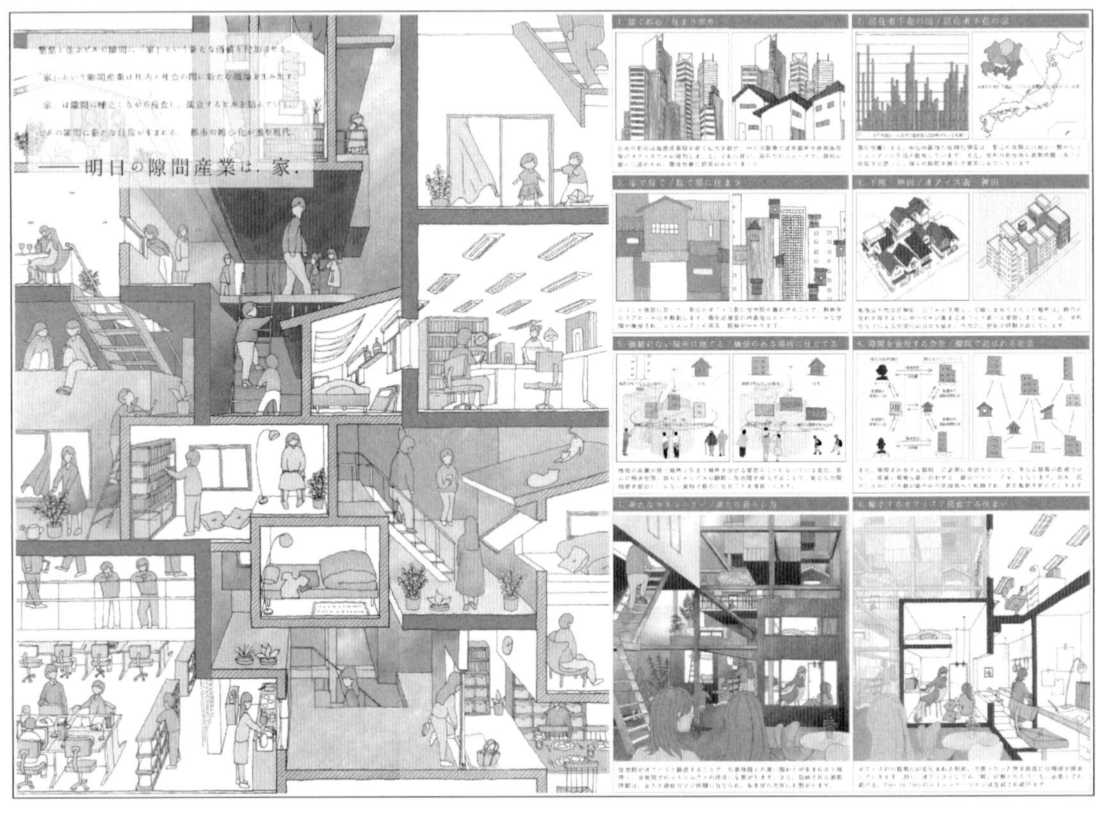

支部入選 22

窯をつつむ住まい

大岡彩佳
田中彩英子
前田佳乃*

東京理科大学・東京工業大学*

CONCEPT

町屋の木密地域。数年前から取り壊しの危機に直面している。しかし、木密地域には魅力がある。密集しているからこそ路地があり、地域経済が息づいていたのがかすかに感じ取れるのだ。わたしたちは、町屋の木密地域に、町屋の素材である「レンガ」を挿入することで、生業を作るとともに、保存し活気を生み出す「窯をつつむ住まい」を提案する。

支部講評

この作品は荒川区の木密地域にある煉瓦づくりの地域の歴史を紐解き、木密地域の真ん中でレンガを焼きながら暮らすという大胆な発想で描かれている。そこで作った耐火レンガで木造を覆うことで、防火、採光、空調、外観意匠と多面的な機能性に「煉瓦」という素材一本で建築らしいカタチを与えていく提案となっている点が明快で素晴らしい。個人的な体験であるが、イタリアのボローニャに煉瓦工場のリノベーションによる産業博物館があり、かつて普通の住宅建築の中に巨大な紡績工場を埋め込んだボローニャの街の建築模型が展示されていた。その産業と生活が一体となった暮らしぶりに感動したが、今回の提案はそれを想起させたくれた。今年のような酷暑の夏を経験すると、排熱はどうするのかなど心配ごとはあるが、この作品はそのような産業と生活の両方の息遣いが感じられ、テーマである「稼げる」感のある魅力ある提案となっている。

（谷口直英）

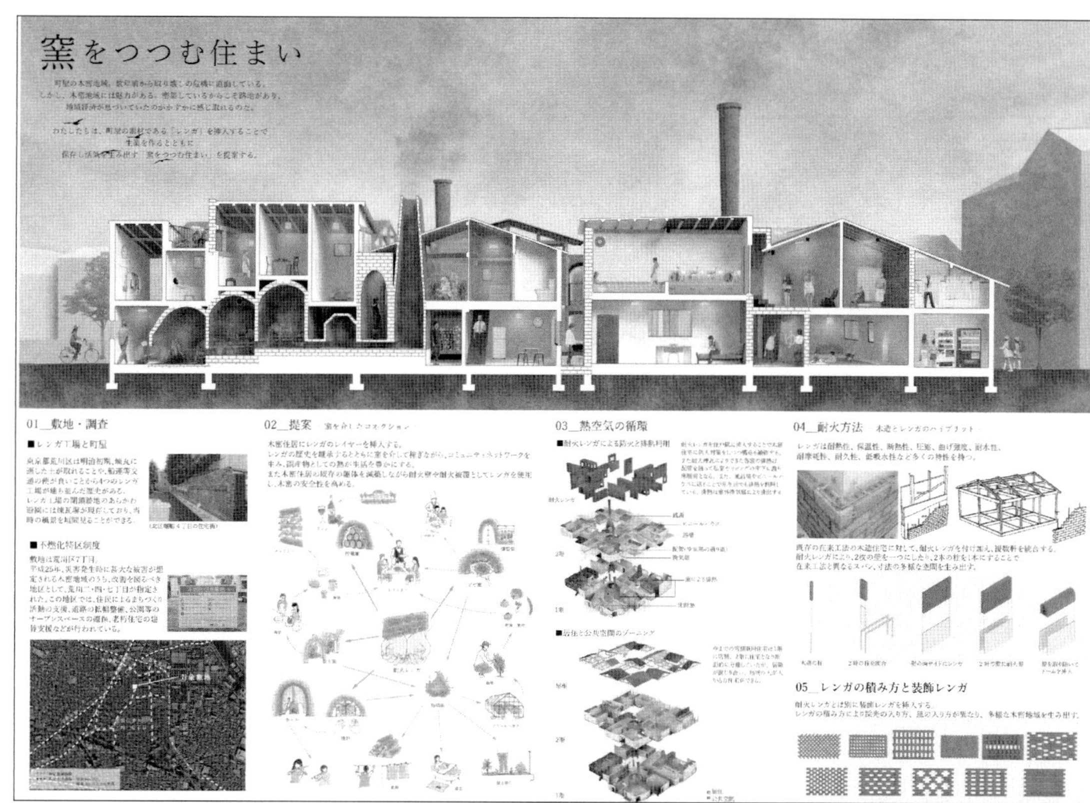

支部入選 **23**

福産漁耕

—工業温排水を熱源とした都市型一次産業の提案—

山本壮一郎　住吉文登　服部立
櫻井南実　根本一希
日本大学

CONCEPT

住宅街を流れる工業温排水を熱源として、漁業や農業を営み稼ぐ住居地区を提案する。
工場が流す排水を熱資源へと転換することで、環境問題は住民が稼ぐ手段へと姿を変える。
新たな職住近接モデルは今まで見向きもされなかった川を包むように立ち上がり、従来のプライベートな住居を営みの場としてまちに開いていく。
近隣工場の副産物がまちにもたらす一次産業を起点とし、名古屋の住宅地に緑と水辺が広がる活気ある風景を作り出す。

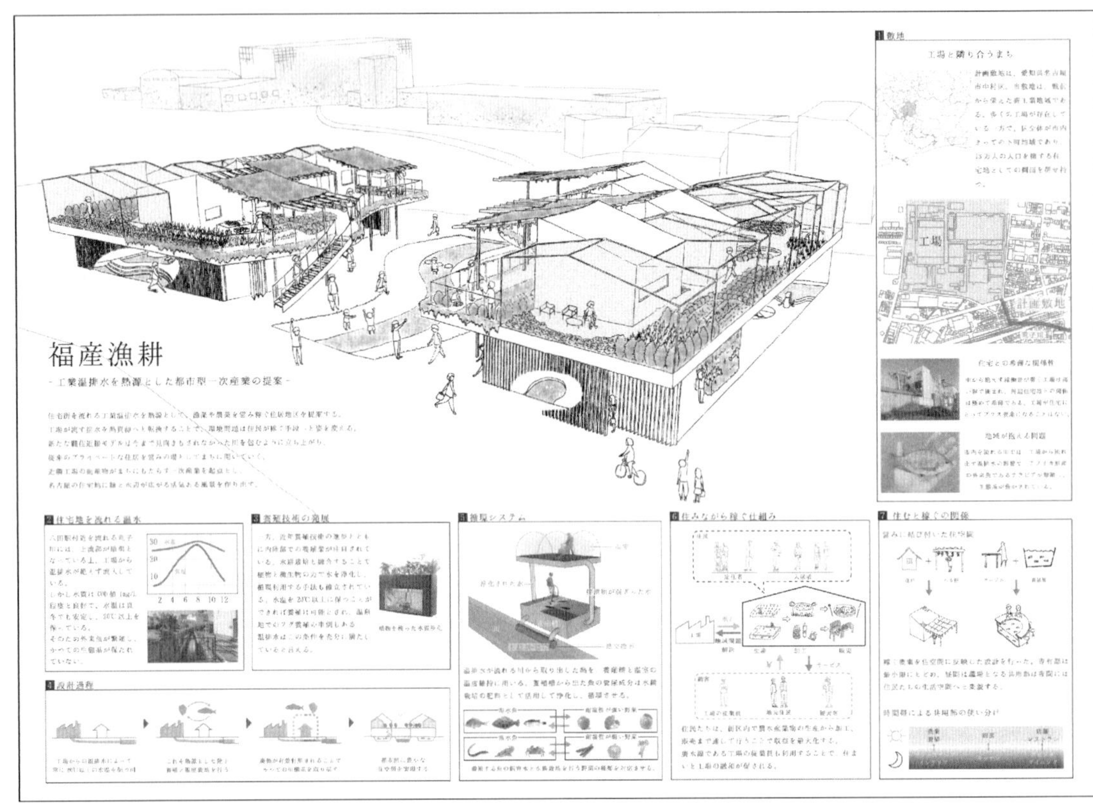

支部講評

第二次産業である工業生産高・全国一を誇るこの地域において、工場から排出される水を熱源として再利用する視点と、第一次産業である漁業の促進に着目した点を評価した。特に、再生利用の循環システムと稼ぐためのスキームが連動するように提案されている点がおもしろい。
その上で、実際の生活する日常のシーンを描いた断面図やパースからは、使い方は想像できる。しかし、その空間構成が凡庸であるため、建築的な解決策が希薄である。例えば、池のように配置された水辺空間は、広域な水脈へのつながりや、風の道、緑道といった都市のなかでの文脈として捉えると、建築の形態や屋内外をつなぐ空間のつくり方も変わったのではないだろうか。

（伊藤孝紀）

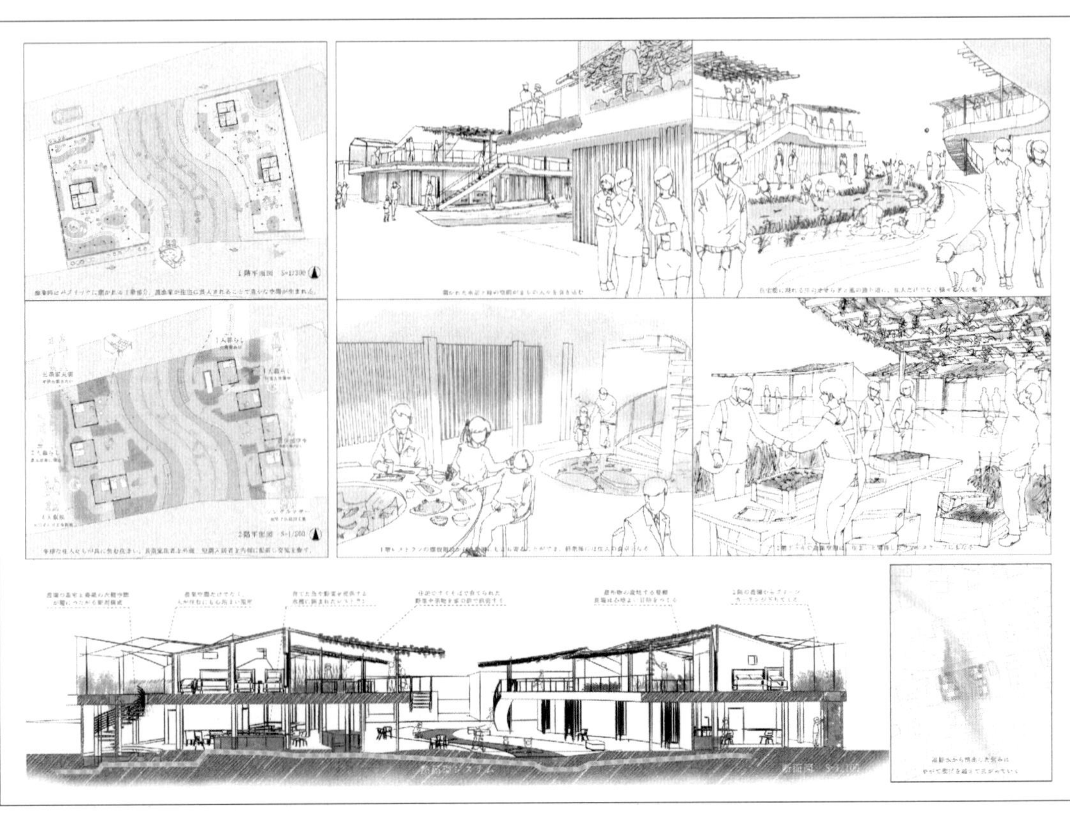

支部入選 **24**

バス停のある民泊が織り成す風景

根本昌汰　**齋藤翔瑛**
江藤耀一
東京工業大学

CONCEPT

ライフスタイルマガジンの「海を望む、島の暮らし」のように、『リビングプランナー』とも呼べるような自身の生活が雑誌に取り上げられる人々がいる。彼らと建築家が協同することによって生まれる住宅は、どのような価値を持ち、如何にして街の風景を変え得るであろうか。「民泊」という仕組みを使って、静岡県下田の持つポテンシャルを生かした地域体験とローカルバスの持つコミュニティのきっかけを軸に、三つの住宅を提案する。

支部講評

地方において観光地、別荘地、住宅地、農村漁村等は明確にエリア分けされていることが多い。この提案はそのボーダーをさまざまな手法や時間軸で横断させようとしている。バス停に住宅と稼ぐ場を併設させているが、バス停は駅や商業施設の少ない地方では地域ネットワークの主要な拠点であり、そこに新たな機能が付加されることの効果は大きく、赤字路線の改善も期待できる。住まいの入居手段としては民泊、別荘、定住と選択性を与えることで、一度きりで終わる観光とハードルの高い移住を段階的に結びつけようとしている。谷間や川沿いなどの場所性を活かしながら、バス停と稼ぐ場の開き方を微妙に変えるなど、多層的に練られた点を評価した。

（諸江一紀）

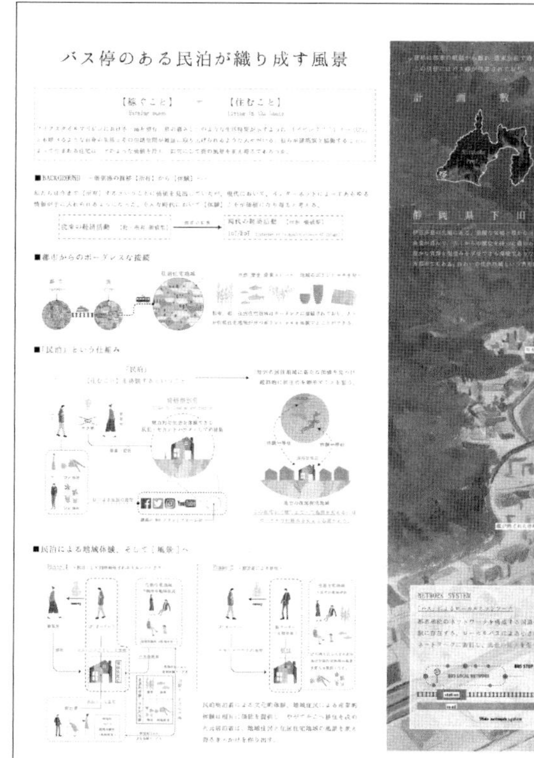

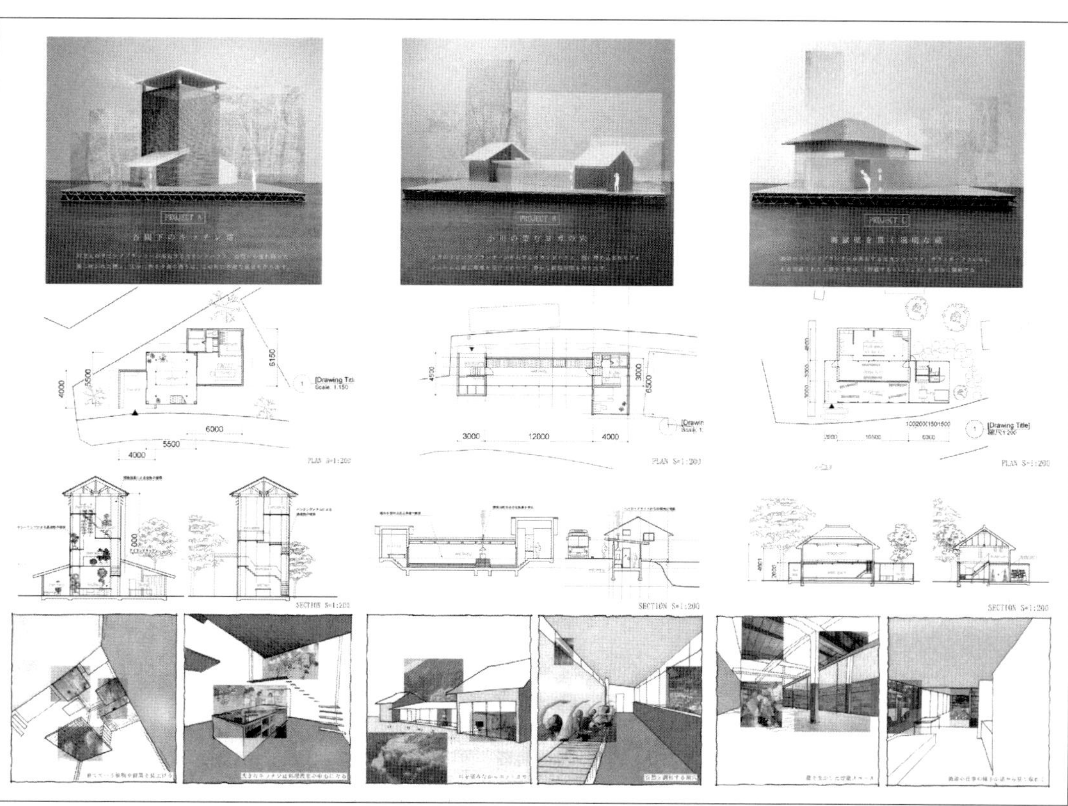

支部入選 **26**

音の輪郭

山岡恭大
徐小雨
樋口圭太
名古屋大学

CONCEPT

用途地域制によって商業地域と切り離された住居地域において音楽は騒音として扱われ、生活−仕事−音楽が切り離されてしまった。これらを1つにすることで音楽によって生活と社会を繋ぐ、そんな新しい住宅を提案する。音楽のまち今池において、音を記述し視覚化することでまちの音が一つの風景として現れる。これを敷地の文脈と捉え、音に関係する理論を用いて緩やかに住宅内部と繋げる。そして音楽によってまちが1つになる。

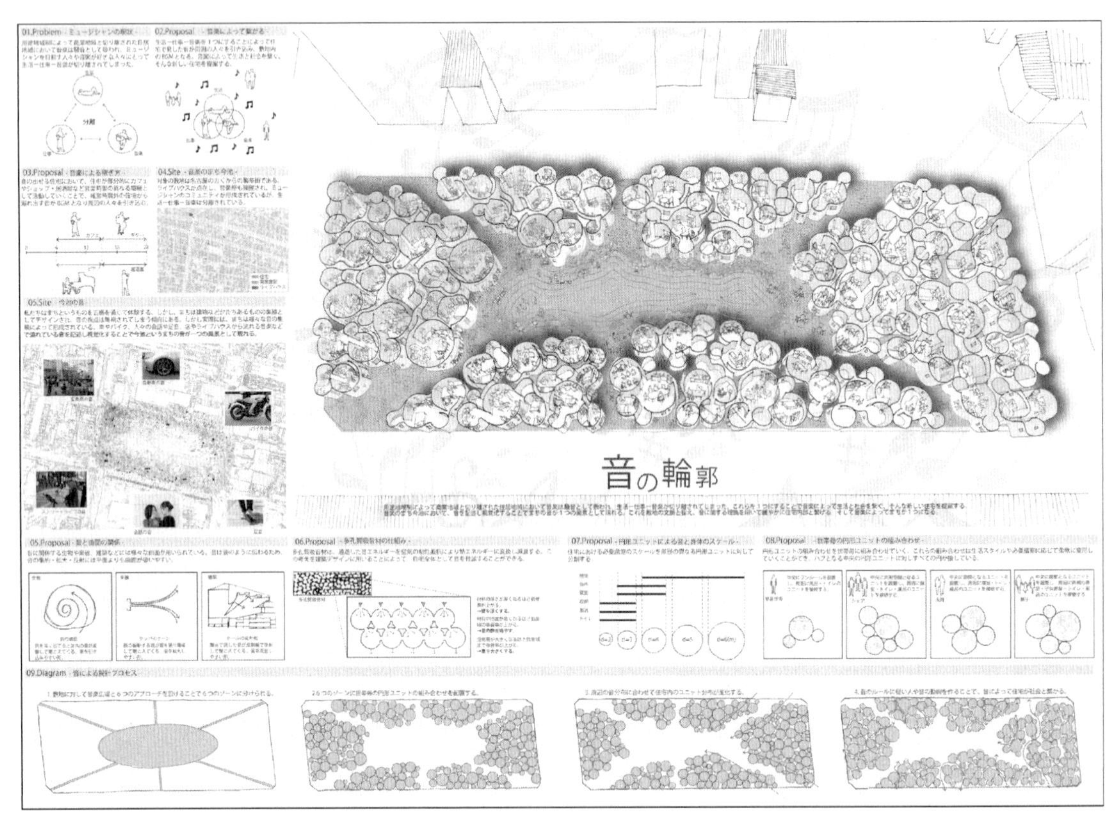

支部講評

東海支部への応募作品の中でエキセントリックな場所設定に陥らず、ごく当たり前な都市的状況の中から特徴的な要素を抜き出し提案している作品は非常に少なかった。また、自分の建築を一から作り出し、かつ、それが空間的にも造形的にも優れている案はほんの数案しかなかった。その中でこの作品『音の輪郭』は、「住む」場所と「そこで稼ぐ」設定として繁華街でありライヴハウスが多くある今池という街とミュージシャンという生き方を選定し、住居の空間および集住体としての空間性と音の響きや吸音、あるいはそこでの音楽的パフォーマンスを通じて「稼ぐ」仕組みや練習場所の確保など、ストーリーと建築的提案の双方に魅力ある提案であった。

（丹羽哲矢）

支部入選 27

雁道の〈習いごと商店〉名古屋雁道商店街

街に対する社会投資の習いごと

安福公基　渡邉祐大

名古屋大学

CONCEPT

習いごとは習いての人生に対する社会投資である。習い事の教室で教えることは、教えての人生を豊かにするための投資である。両者の経済圏は超高齢社会・情報化社会の現代において街に根深く存在するコミュニケーションの場である。我々は雁道商店街の空家商店を習いごと教室にリノベーションし、習いごとを通じた商店街の再生を目指す。

支部講評

塾など教育産業の発展と、祖父母や両親からの教育費への投資意欲は高まっている。もう一方で減衰する商店街の空き家問題を融合させた点が、この案の評価したところである。習い事には、大手の学習塾だけでなく、女性が家事や育児をしながら、自分のスキルを子ども達に伝えることも十二分にできるだろう。そういった視点を、分割した既存空間をリノベーションすると共に、住宅の要素に加え、女性の活躍する場所を機能別に再配置していく。それぞれの隙間が、単なるデッドスペースでなく、縁側や関所といった現代の寺子屋的なコミュニティへと昇華されるのではと想起した。空間の立体的な活用提案があると、より提案に深みが増すのではないか。

（伊藤孝紀）

支部入選 28

茶のまち しゅくばまち家

佐原輝紀
楠川充敏
早川千尋
名古屋市立大学

CONCEPT

敷地は、かつての宿場としての機能を失いつつある静岡県島田市金谷。ここに地域外から人を呼び街に賑わいをもたらす。住宅を地域で起こる「ハレ」と「ケ」のサイクルに参加させることで、暮らしに節目のある仕組みを提案する。住宅が「ハレ」に参加することで、これまでの日常はつくる・学ぶといった「ケ」となる。そこには、住宅に金銭の経済活動だけではなく、知識や伝統が稼ぎこまれ、暮らしに抑揚が生まれる。

支部講評

この作品は、かつて宿場町として栄えていた静岡県金谷を敷地として、気候・風土に即した生産物（お茶）がもたらすことと、かつての宿場町としての歴史・文化的な価値を融合することで、住みながら稼ぐ場を創ることを目指したものである。

民宿＋住居＋ミセ、工房の組み合わせは、真新しいシステムではないが、ハレとケの時期を想定し、華やかな時のみ（ハレ）に留まらず、日常（ケ）での商いと生活との関係性まで含めたシステムが評価された。また、各機能を媒介するツールとして、お茶が持つポテンシャルを詳細に展開し、雰囲気のあるパースによって多様な場が想像できた点も評価された。

（椹本雅好）

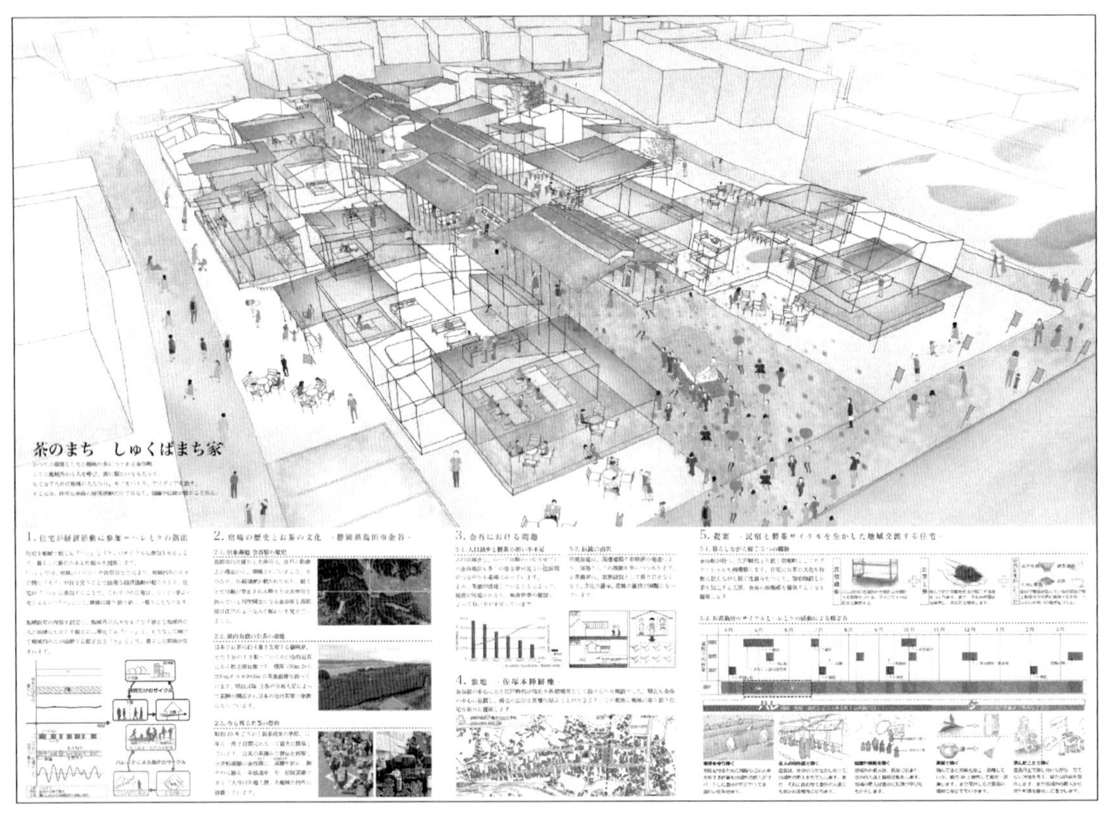

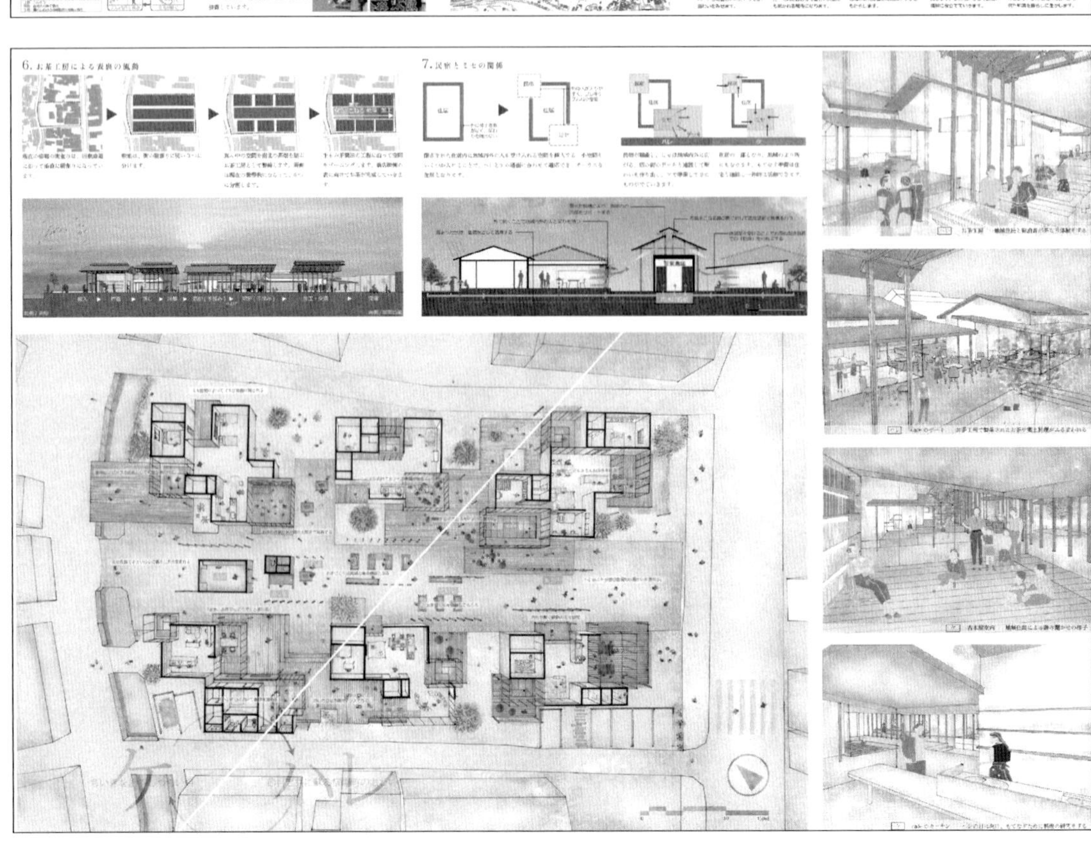

支部入選 **29**

落ち葉の住器

遠藤大輔
伊藤誉
大石理奈
名古屋工業大学

CONCEPT

垣根の垣根のまがりかど。
たき火だ、たき火だ落ち葉焚き。

かつて落ち葉は、住居地域のコミュニティを担い、生活の至る所で用いられていた。
しかしながら、現在の都市部において、足元の落ち葉はただのゴミであり、「都市緑化によるゴミ増加」という矛盾を抱えている。
そこで、見捨てられた落ち葉の価値を見直し、ニッチに稼ぐ住まいを提案する。
建築は落ち葉を受け止める器となり、やがて都市にその根を広げていく。

支部講評

この作品は、名古屋市中心部における落ち葉の再活用により生まれる価値の可能性を、落ち葉に関する膨大なリサーチから提案し、建築としても落ち葉を受ける器として、象徴的な形態を構築している。
落ち葉に対する膨大なリサーチによって、落ち葉＝腐葉土といった単純な解に留まらず、コモンスペースでの壁面の表層への応用や、環境負荷軽減への提言などが、密度濃く検討され、具体的に表現できている部分が評価された。一方で、落ち葉の再活用のシステムを優先したことにより、「住む」に対する場が裏側に回ってしまった感が否めない点に疑問が残ったが、シート表現を含め、トータル的な部分での評価が高かった提案である。

（櫛本雅好）

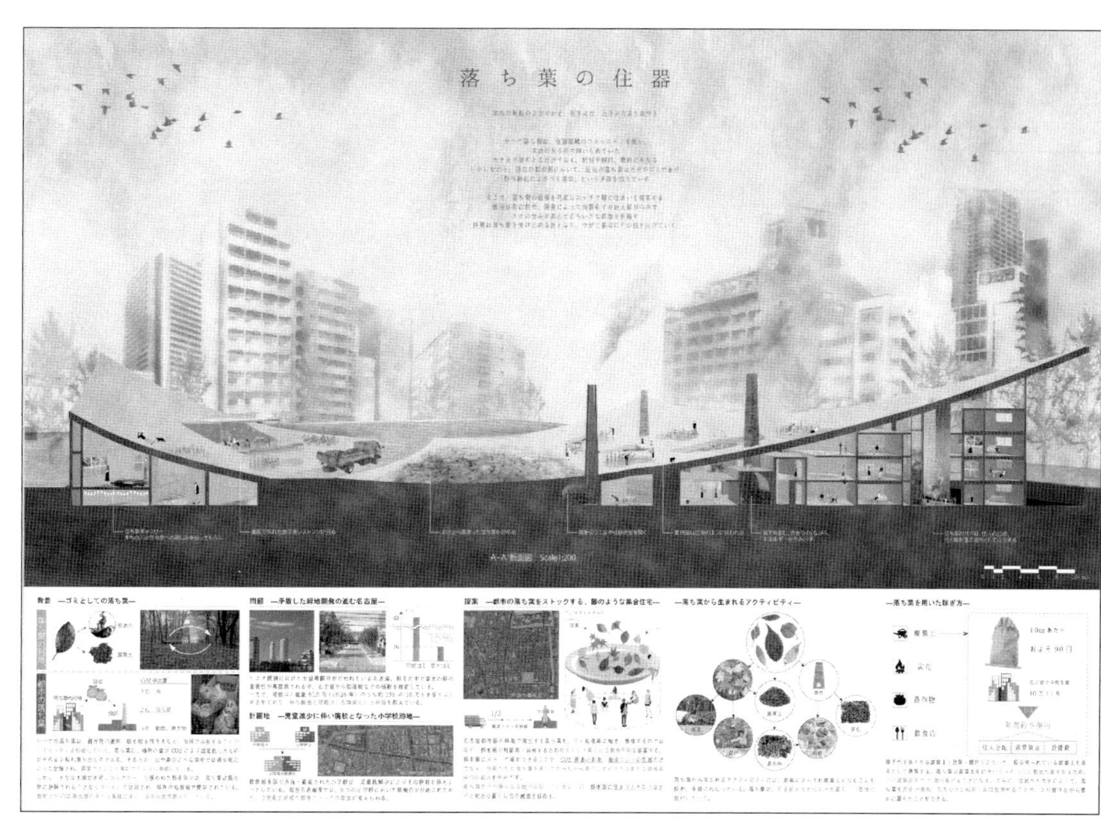

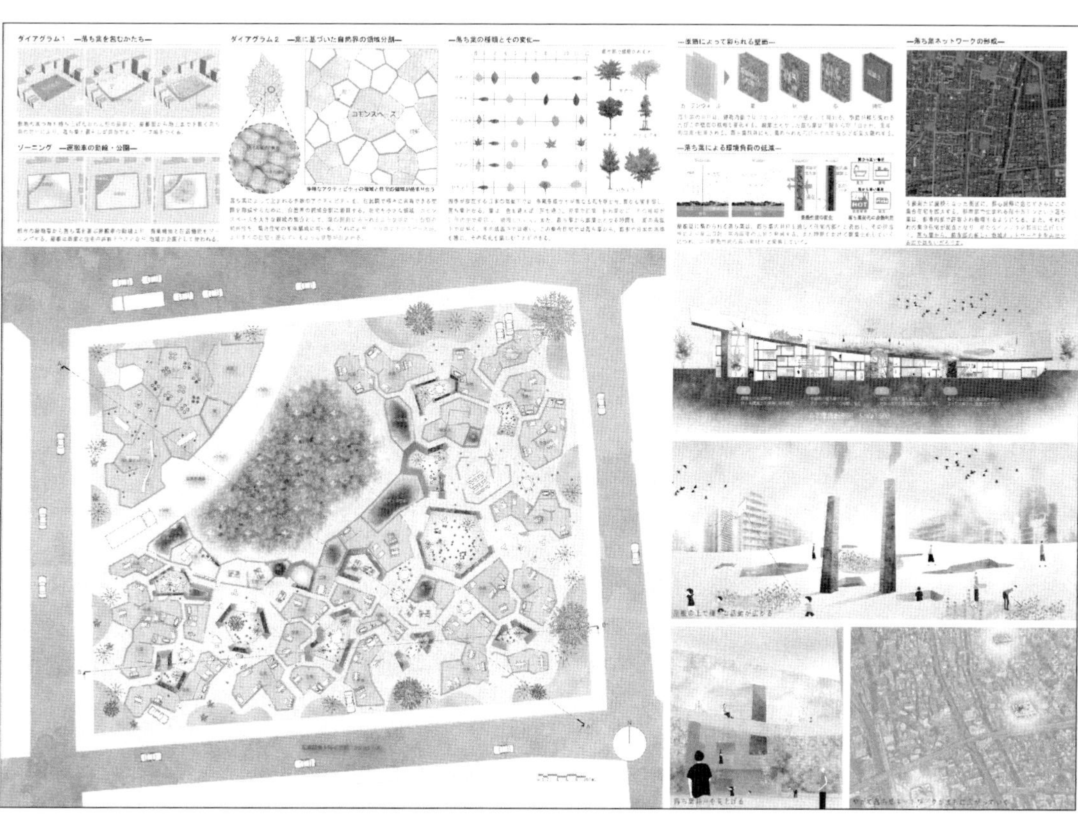

支部入選 30

開拓者のマチプロジェクト

—障がい者の認知補助を用いた協同型就労施設の設計—

有田一貴

信州大学

CONCEPT

障がいがあっても楽しく働ける場所を提供したい。

「住宅に住む、そしてそこで稼ぐ」とは障がいを持っている方々の暮らし方の答えであると考える。そこで長野県長野市のマチナカで障がい者の成長に合わし段階を踏みながら地域と連携する、暮らしながら働く施設を提案する。支援現場での"認知を補助する支援"の分析から必要な4つ空間条件を導き、対応する"ナナメ"の建築操作が個性的な利用者さん達を受け止める空間を作る設計。

支部講評

障がい者の社会参画、労働支援は国策としても喫緊の課題であるが、障がい者が暮らしながら働く施設として、その活動が地域社会へと広がっていく仕組みを提案した力作である。障がい者の就労施設などの調査を踏まえ、彼らの生活・労働環境に必要な建築操作として「居場所を作るナナメの建築操作」を措定し、具体的な建築空間にまで具現化する空間構成の力量は大いに認めて良いであろう。しかし、受け入れ側である地域社会にこそ障がい者の能力や就労の不理解が超え難く横たわっている。その核心の課題を内部に開かれた「たまり」のみで完結させず、外部空間へと如何に展開し止揚できるか。その具体性が感じられればさらに迫力を増したであろう。

（熊澤栄二）

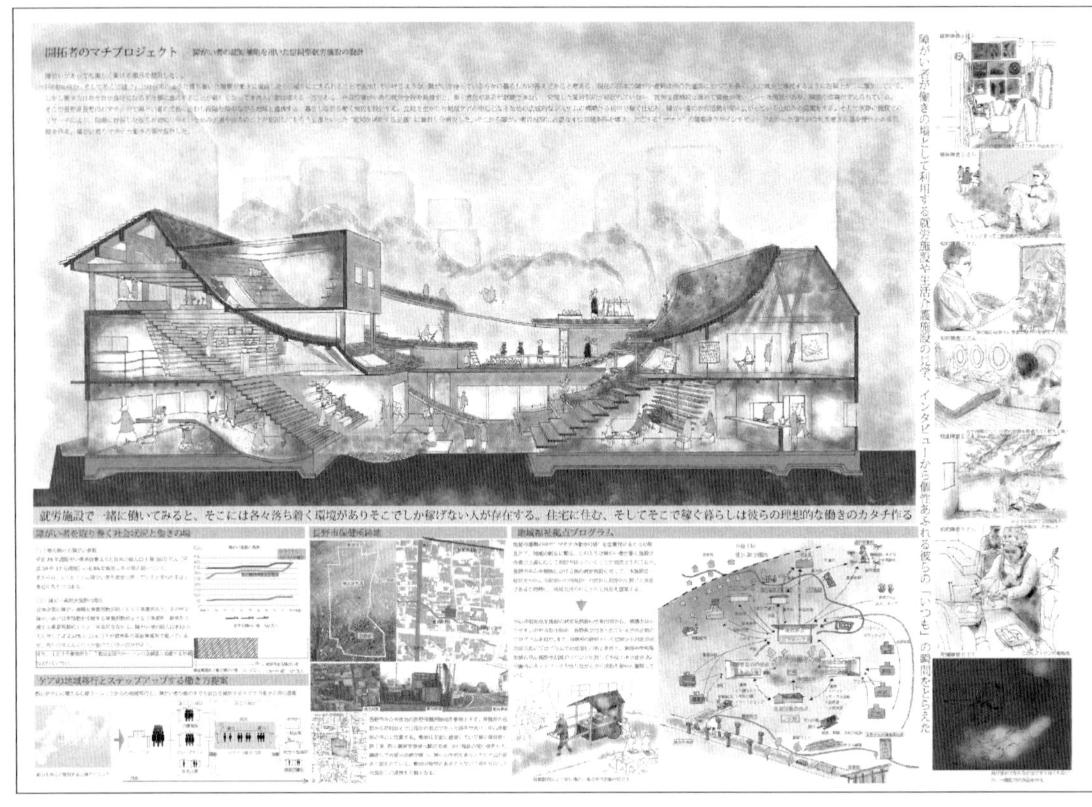

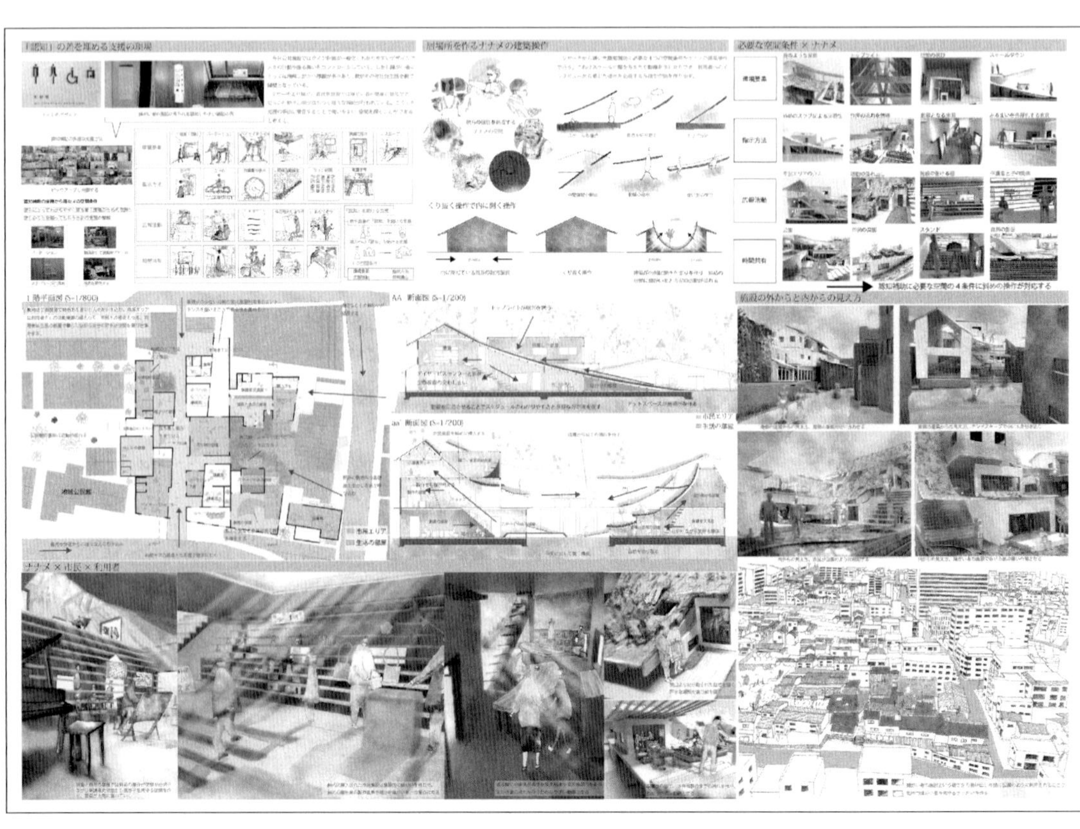

鯉巡る町

筒井伸
斉藤知真
増田千恵
信州大学

CONCEPT

養鯉業で栄えた長野県佐久市は、内陸性の気候を活かして3年間かけて育てる「佐久鯉」名産の地である。時代の変遷と共に、養殖業者・人口の減少により養鯉文化は消失の危機にある。そこで、3年間の養鯉プロセスを町に展開し、生活と養鯉を接続し住民が養鯉に参加していく仕組みと建築を提案する。鯉の成長に合わせ、町を巡ることで、生業は再び軌道に乗り始め、町の共同体は大きな「鯉組合」へと成長していく。

支部講評

「鯉巡る町」は、長野県佐久市でかつて栄えた養鯉業を手がかりに、現代の都市構造の中で住まいと地域産業の関係を再構築しようとした計画である。3年間という養鯉プロセスと産業の成長プロセスを重ね、住む・育てる・稼ぐを関連付けて、魅力的なストーリーを提案している。地域産業である養鯉と生活との接点を丁寧に発見しながら、養鯉池、水路、空家、休耕田などの未利用の地域資源を活用することで、住環境を更新し、稼ぐ仕組みを持つ都市空間を創造している。伝統的な産業の衰退する地域で住まい、稼ぐという課題に対して、新たな産業復興と都市空間の更新を行う秀逸な提案である。

（棒田恵）

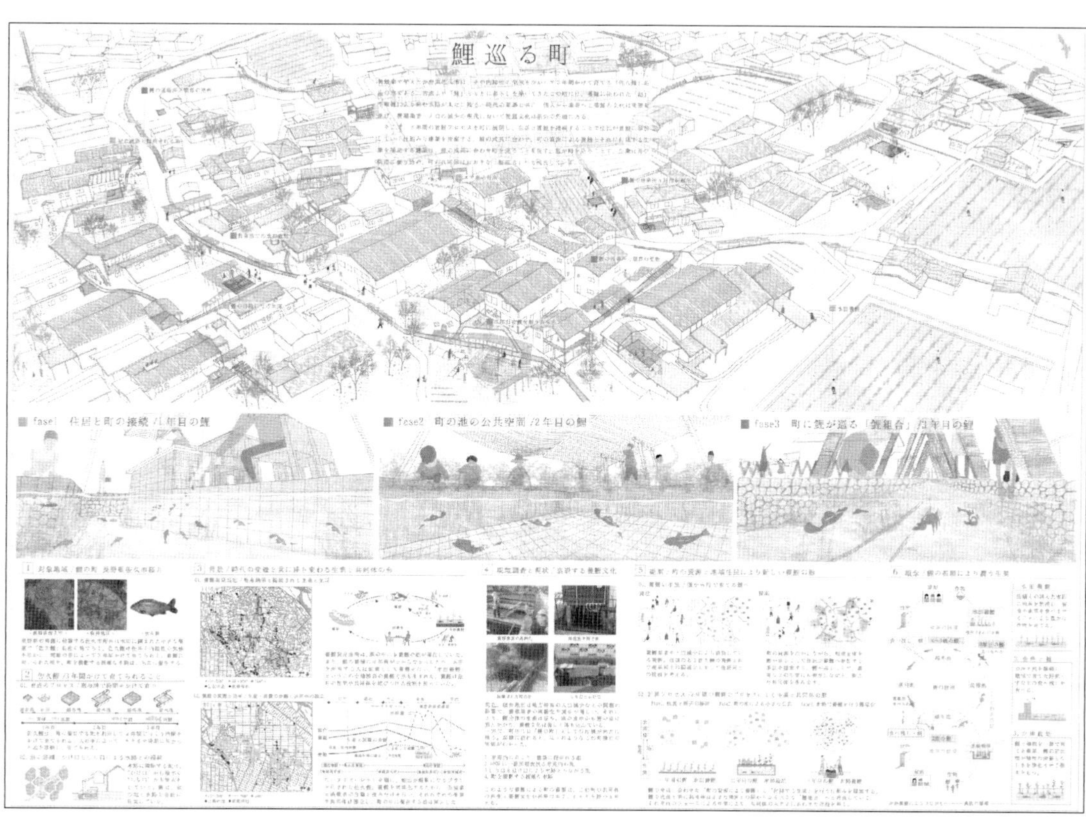

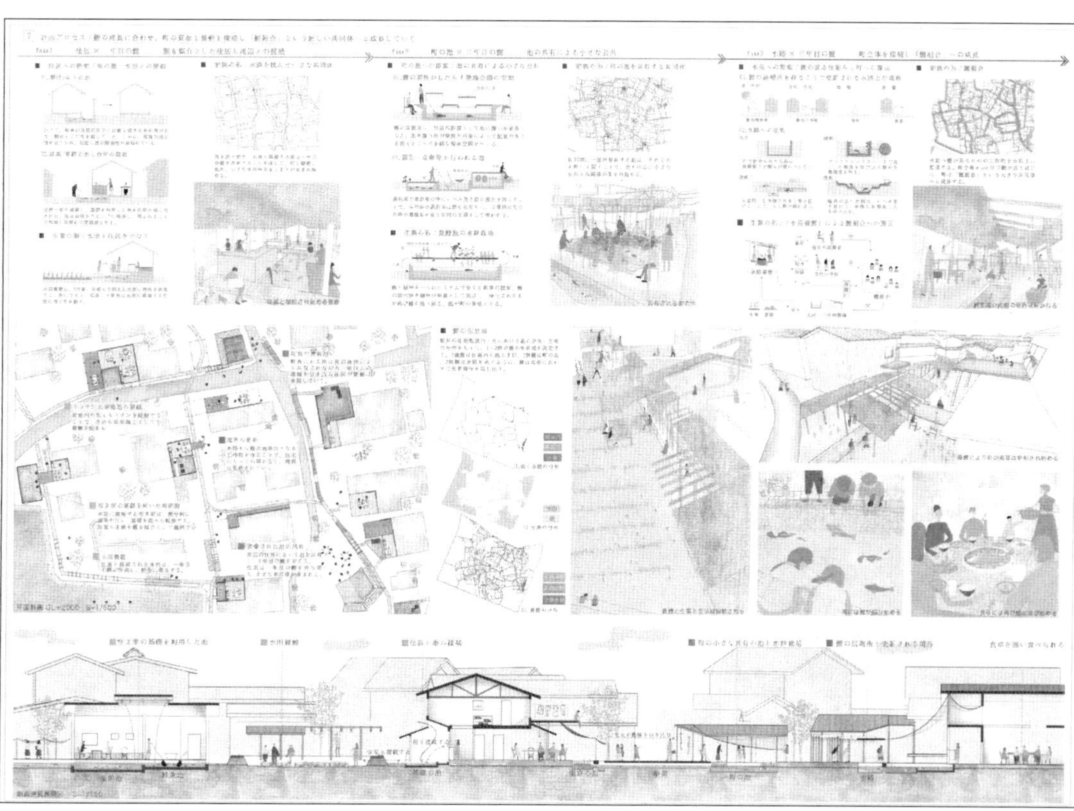

支部入選 34

野田藤村

菊池文江
越智友祐
神戸大学

C O N C E P T

この集住体の稼ぎ手は、定年後に新たな生きがいを求める高齢者世帯と子育てに悩むひとり親世帯である。住人はここに暮らす共通の役割として、地域の花である「野田藤」を育て、木像長屋の密集する都市を「減築」しながら緑を展開していく。「藤の管理」と自らの「趣味・スキル」を結びつけた「生業」を介して、住人である高齢者とひとり親世帯、そして地域が相互に支え合いながらゆるやかにつながっていく共同体を提案する。

支 部 講 評

空襲から逃れ木造建築群が多く残る野田。大都市に接するがゆえに、長屋が軒を連ねる風景には、人々を呼び込み癒す魅力があるのかもしれない。しかし背後に見え隠れする課題は輻輳している。地域の宝である「野田藤」を通して、そこに共同体として生きる意味を重ねることで、高齢化社会と一人親世帯という社会が抱える課題に取り組もうとする意志に、若者の流入を狙った単発的なコンバージョンとは一線を画す説得力がある。藤を生業に人々が集い、稼ぎ、生きる姿が木密地域のスケール感に滲み出すストーリーに映像的な美しさを感じる一方で、その具体的シーンや建築表現にもう少し時間がかけられたら、さらに説得力ある提案になったと惜しまれる。

（梅田善愛）

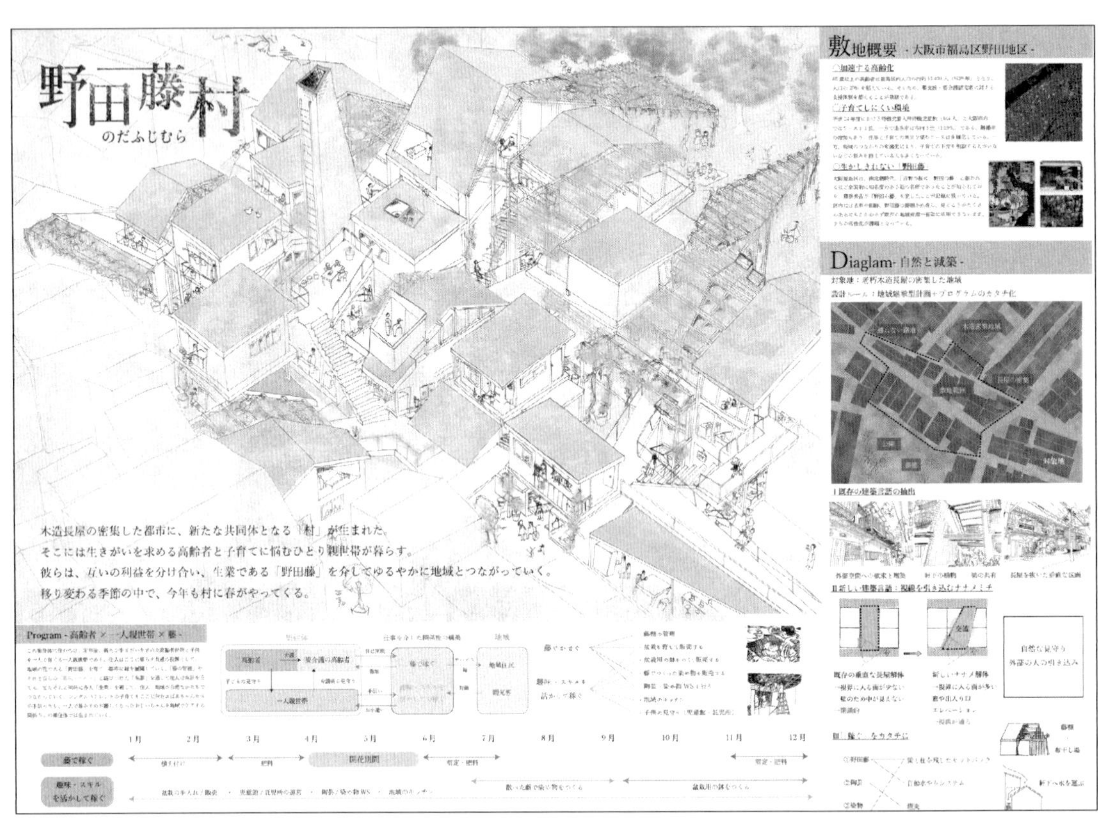

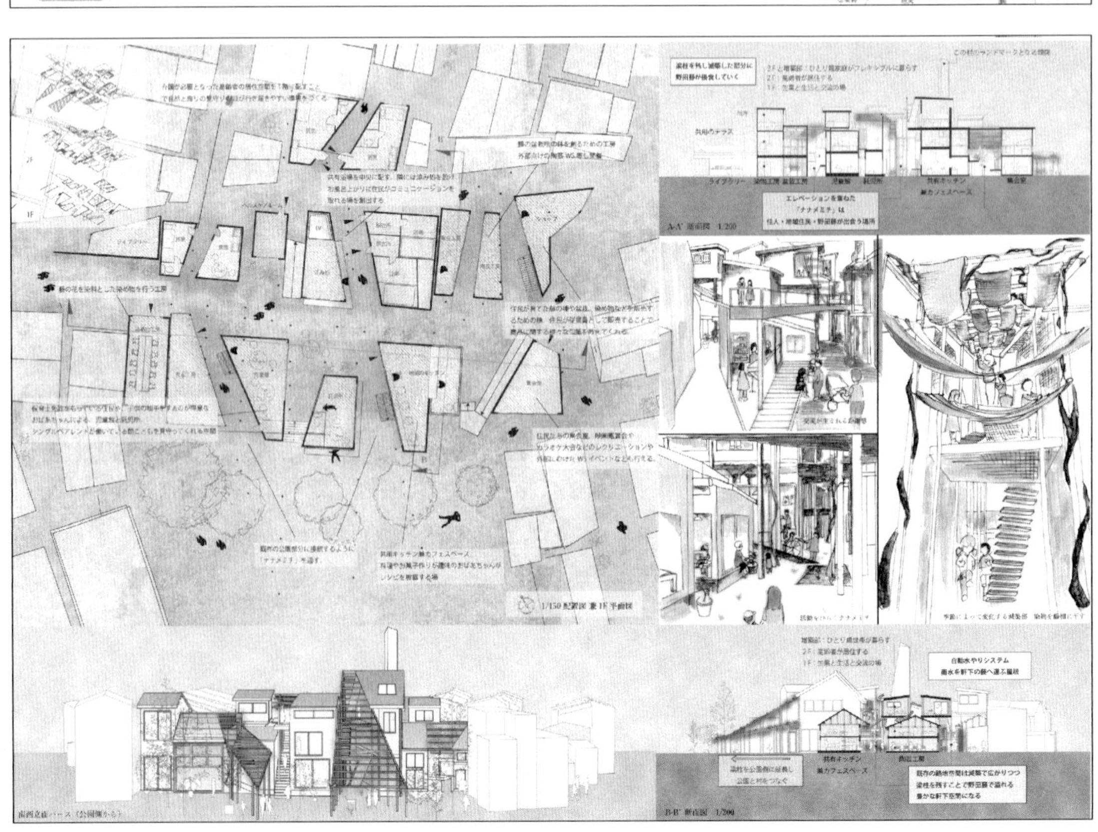

支部入選 35

看板住宅群景

北野優真
小嶋瑠衣
高橋豪志郎
フリーランス

CONCEPT

道頓堀の街並みがもつ濃密性や雑多性の中に、大阪"らしさ"を見出す。それらを演出しているのは、まさに色とりどりに光る広告看板群である。「住む」ことを切り離してしまったこの場所で、広告看板としての住宅に住まう暮らしを提案する。
この住宅の住人となる若手アーティストたちは、生業としての制作活動を行いながら、住むことによって得られる広告収入で生計を立て、この場所でしかできない暮らしを繰り広げる。

支部講評

看板が収益と風景を生み出す道頓堀のような街においてのみ成立する提案であることは自覚したうえで、実際にそうなるかもしれない近未来像の提示と共に、その中に住まう魅力を空間構成によって導き出そうとしていることが評価された。消費を促す看板は確かに手っ取り早く「稼ぐ」手段ではあるが、それが近代を経た「住むこと」「稼ぐこと」の距離や関係を再編するのかについては、賛否両論あり問題提起を孕んだ作品でもある。パースのような大企業からマスへの広告ではなく、住民個人がハブとなりマスへ発信する情報により、その住民自身が「稼ぐ」ことへと転換する可能性も感じられる。AIによって少しずつ変わりつつある近未来の建築は一体どのようなものなのか、引き続き議論していきたいと思わせる案だった。

（前田茂樹）

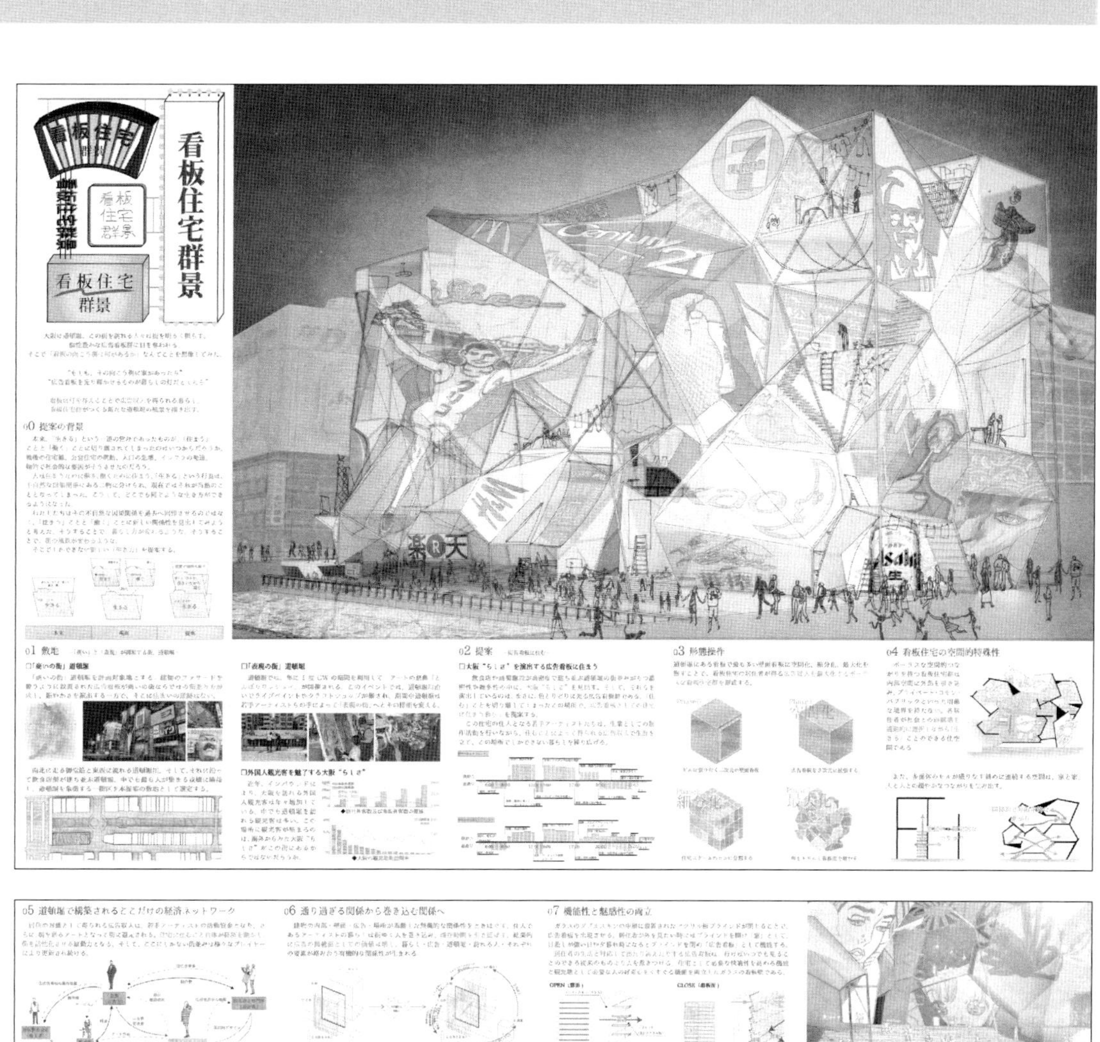

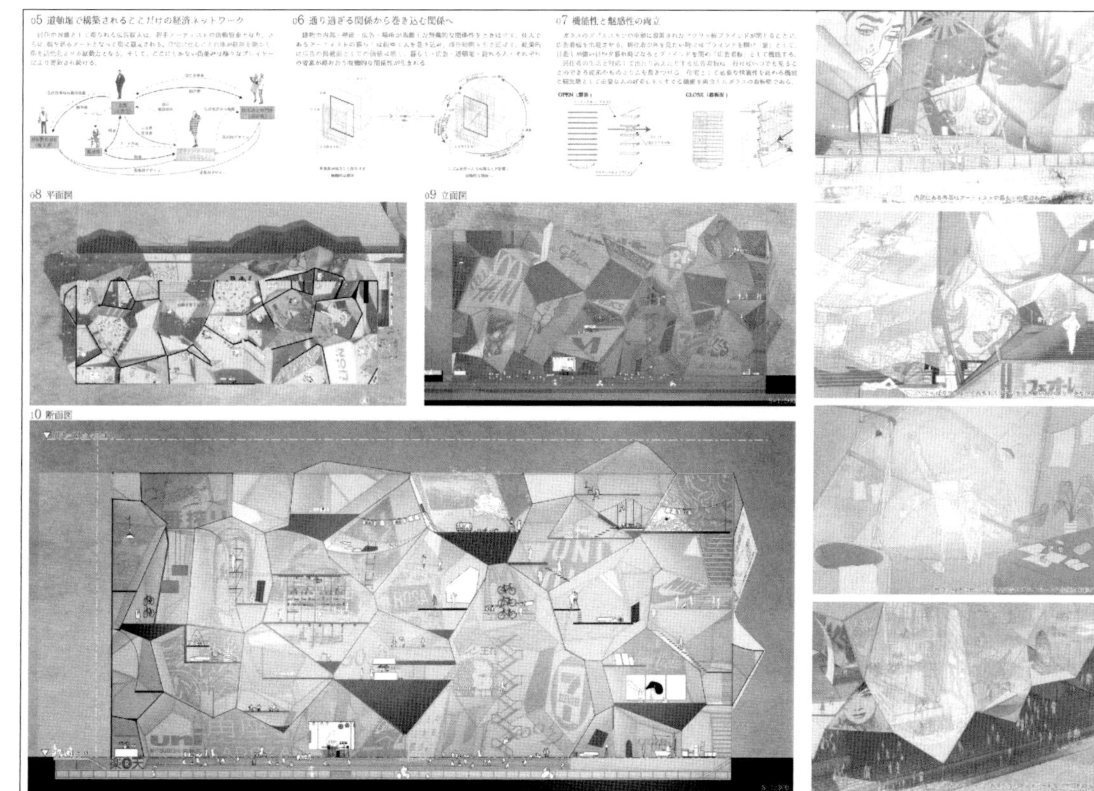

支部入選 36

紫縁の坂

井上尭大　西村友佑
田中里奈　野田杏菜
神戸大学

CONCEPT

貝紫染めという産業は貝から染め物を作るまでの過程で多くの人が関わることができる。そこでこの貝紫染め産業を主軸とし、空間を貝紫染めの「収集」「選別」「染色」「乾燥」の4つの工程によって大きく分け、そしてそれぞれの工程に「食べる」「休む」「洗う」「遊ぶ」といった人々の生活をまとわりつかせ、「住む」と「働く」の間に新たな繋がりや人々の交流が生まれる集合住宅を提案する。

支部講評

貝紫染めという産業を媒介として、「住みながら稼ぐ」を実現しようという提案である。単に「すまう」「つくる」という行為を並立させるだけではなく、貝紫染めの主要な「集める」「取る」「染める」「干す」という4つの工程に着目し、それらと「食」「洗」「休」「遊」の4つの住まいのスタイルをうまくリンクさせ、かつそこにコミュニティも発生させることで、多様なくらしの風景をつくり出している。すまい（建築）としては4つのボリュームをずらしながら地形の傾斜にあわせて配置した単純なものであるが、貝紫染めで出来上がった布で空間を仕切ったり覆ったりと多様な使いかたにより、薄紫色のさわやかな風景をつくりだしている。

（楠敦士）

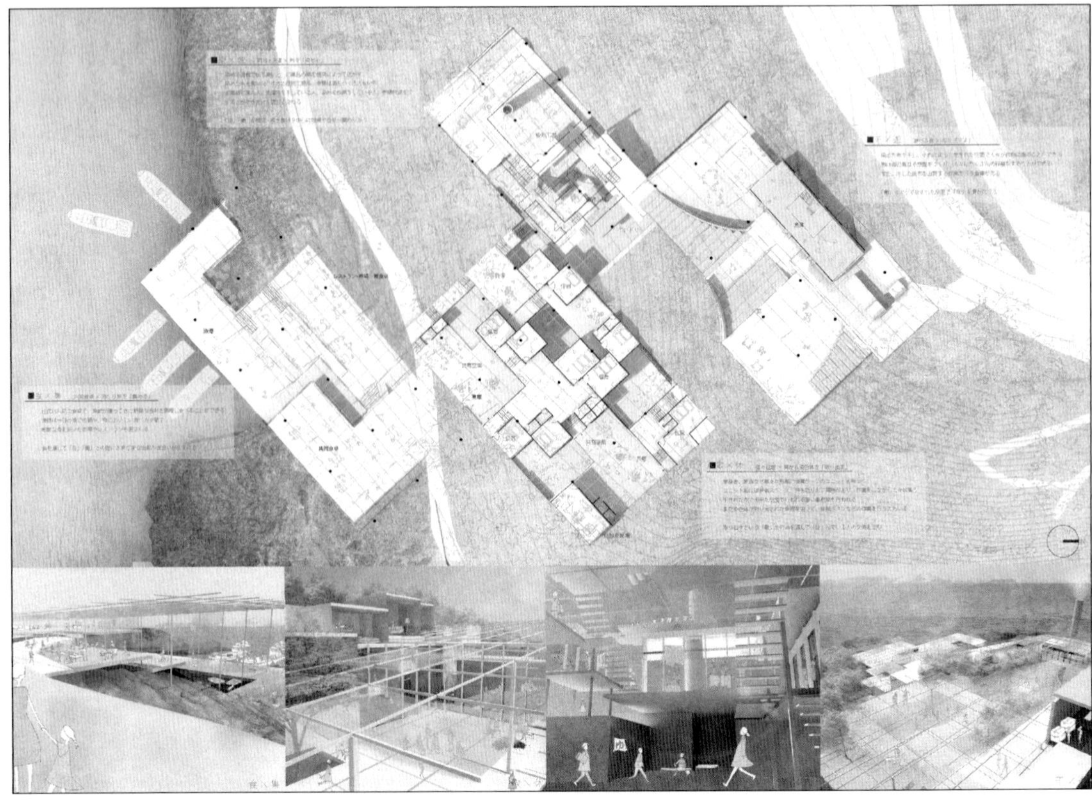

柿屋に住まう
−地域の可能性を活かす住宅−

木根康平　中林航輝
岡詩織　原田衣捺
椿和子　細川正貴
摂南大学

CONCEPT

柿屋は宇治田原の茶業農家を中心に伝統として受け継がれてきた。そこで古老柿づくりを貴重な伝統産業として残していくために、茶業農家が約2カ月かけて行う仕事を柿屋に住みながら手伝う。柿屋は2種類に分かれ、“生活の中心となる主柿屋”と“古老柿を干す柿屋”となり、柿屋とそれを取り巻く環境に暮らしを立てる。柿屋の非日常的な空間を満喫しながら働くことで、宇治田原の農業や自然環境に魅力を見出す余地ができる。

支部講評

宇治田原町の主産業である古老柿小屋の工法や材料について細やかにリサーチし、学生が干し柿生産の11月上旬から12月下旬にかけてインターンシップをしながら、時期を限定して生まれる風景が提案されている。また仮設建築に住みながら稼ぐことの魅力や問題にも真摯に取り組み、晩秋の京都の山地において、仮設建築であることの寒さへの対策などについても言及していることも魅力やリアリティをさらに浮き上がらせている。地域と共に「稼ぐ」ということが、風景の中で差異化を促す方向ではなく、風景と同化し伝統産業を残す方向にベクトルが向いている点に好感を持った。そのような素晴らしい提案だからこそ、詩的なモノトーンのパースだけでなく、実際の田園風景の中に外壁の素材感がどのように見えるのか、もう一つ解像度を上げて見てみたいと思う。

（前田茂樹）

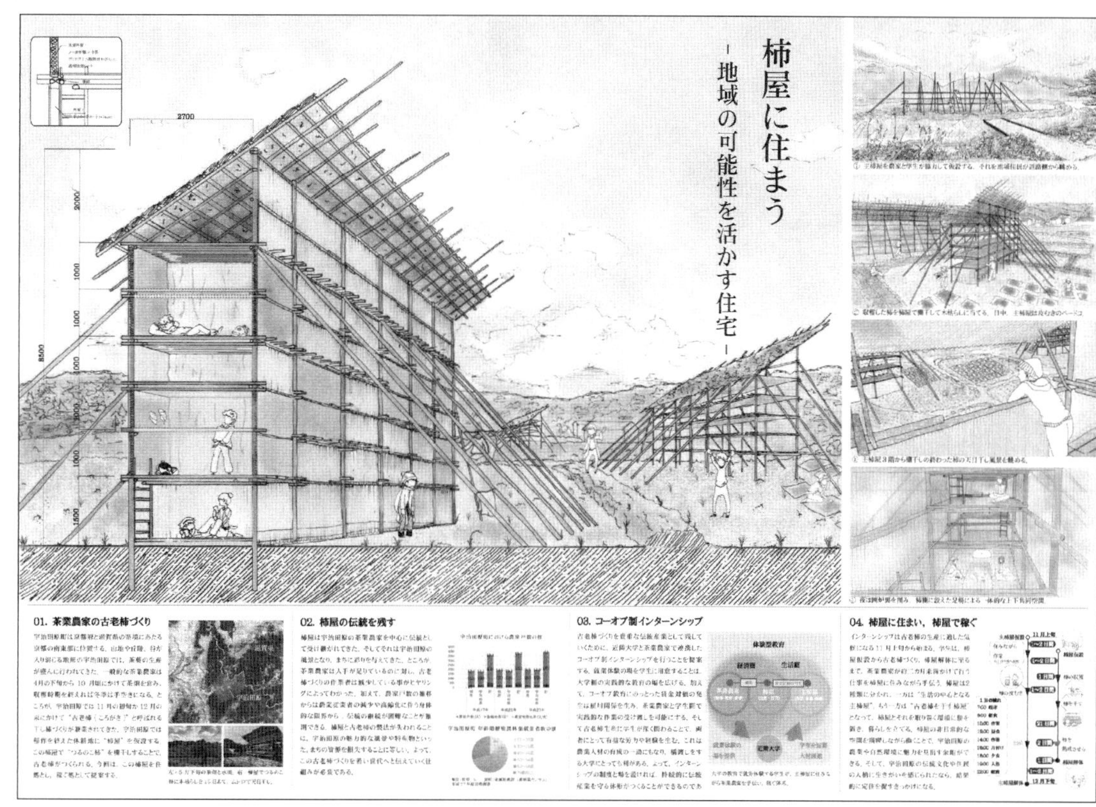

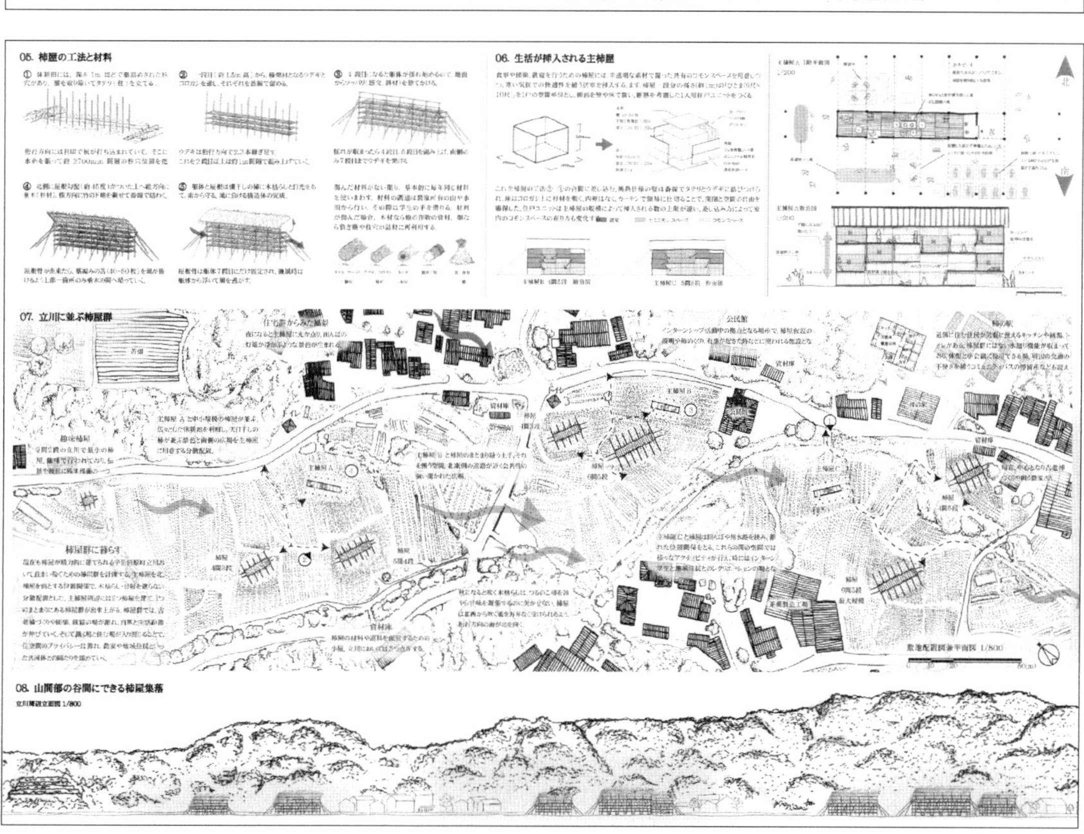

支部入選 **40**

オリーブ屋根がおりなす風景

具志堅美菜子　竹田理紗
斎藤愛
神戸大学

CONCEPT

職と住が切り離され、住戸同士の関係も希薄なニュータウン。そこに新たに挿入した「折れ」ながら伸びる屋根が、孤立した既存の住戸同士をつなぎつつ分節し、重なることで、働く場と生活空間が絡み合う。
住民たちは職と住を共有し、様々なカタチでこの屋根に関わる。

オリーブの屋根によって生み出されるひとつひとつのシーンが「織り」なされ、
この地に新たな風景が広がっていく。

支部講評

農作物の生産は、細やかに手をかけて育てていく日々の連続であり、日常の“生活”を二の次と考えても生産活動を優先するイメージもある。それに対し、本案は、稼ぐ対象が農作物であっても受ける印象は全く異なったものである。
ニュータウンに落し込んだ立体農地（屋根）が、まちや人々を繋ぎ、その連なりは物理的にも感覚的にも“生活”を豊かにする。大きく覆うわけではない屋根の構成がリズム感を持ち、その間から見える居住域は、近隣コミュニティの中で明るく“生活”を楽しむ日々を想像させる。地域性と“稼ぐ”展開からなる「オリーブ」の選択は、樹形だけでなく、「オリーブの首飾り」「オリーブの午後」……（少々時代が違う？）、言葉の響きからも心地よく景観をイメージさせる。
（鳥居久人）

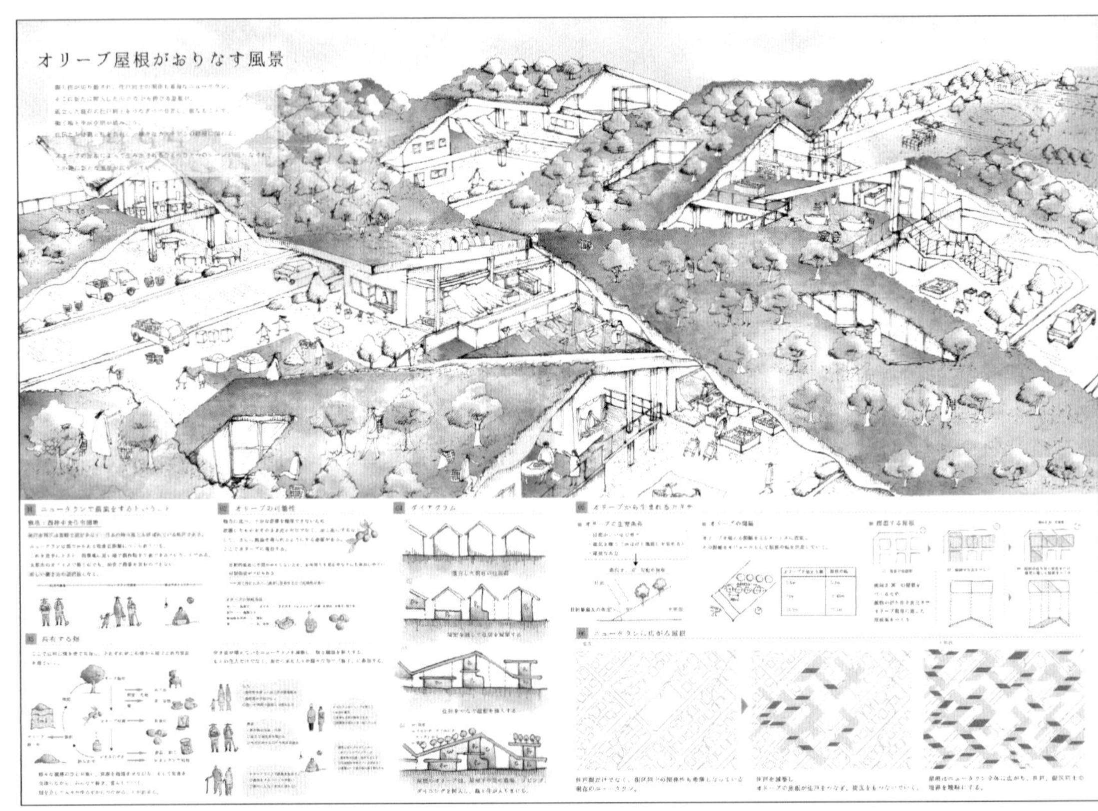

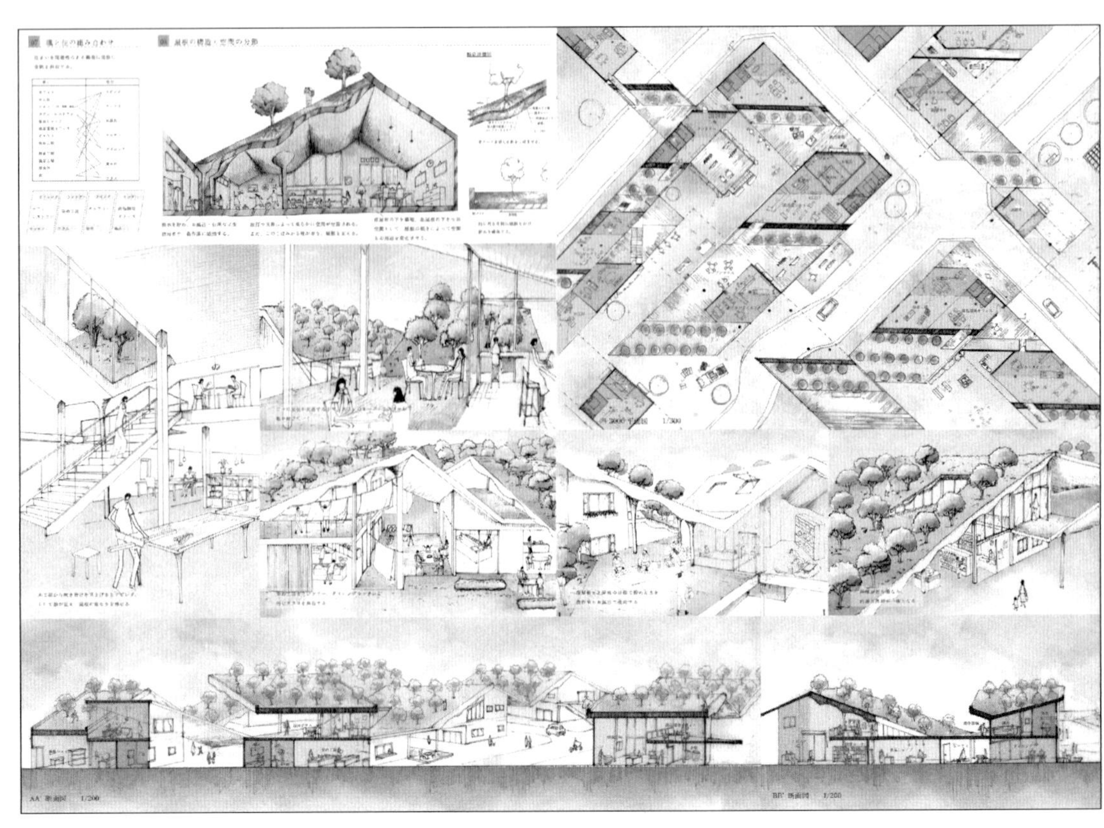

支部入選 43

Ware HOUSEs

—人と人をつなぐ倉庫×住宅—

大脇春　羽山華望
桂麟太郎
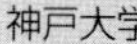
神戸大学

CONCEPT

ネット利用が増加した今、増加する宅配や物流を中心に"倉庫"で住民をつなぐ集合住宅を提案する。地域の宅配物が集積するこの倉庫では、住民が倉庫を管理、そして倉庫がただ物を保管するだけでなく、新たな買い物の場となり、住民や地域の人々の交流を生み出す場となる。多くの人々の、日々の生活がしだいに快適になりそして世代を超えた新たな繋がりがうまれる集合住宅となることを目指し設計した。

支部講評

ネット通販の爆発的な普及により、利便性は高まったものの、同時に多くの社会問題が生じている。健全で、より成熟した社会の中に根付くにはそのシステム自体、まだまだ改善途上であり、その取り組みが報じられる機会も多い。その策の方向性の多くが、人的な負担を軽減するシステムの合理化であるとすれば、敢えて人を介入させ、倉庫から付加的な価値を生み出す本案の着眼点は興味深い。現実的な問題点を上げれば多々あろうが、荷物を扱う"仕事"と"生活"の境界が曖昧なWare HOUSEsでの生活は、隣近所 気配を感じ、助け合った一昔前の生活に通じるものがあり、ここに物流問題の打開策が隠されているのなら楽しい。

（鳥居久人）

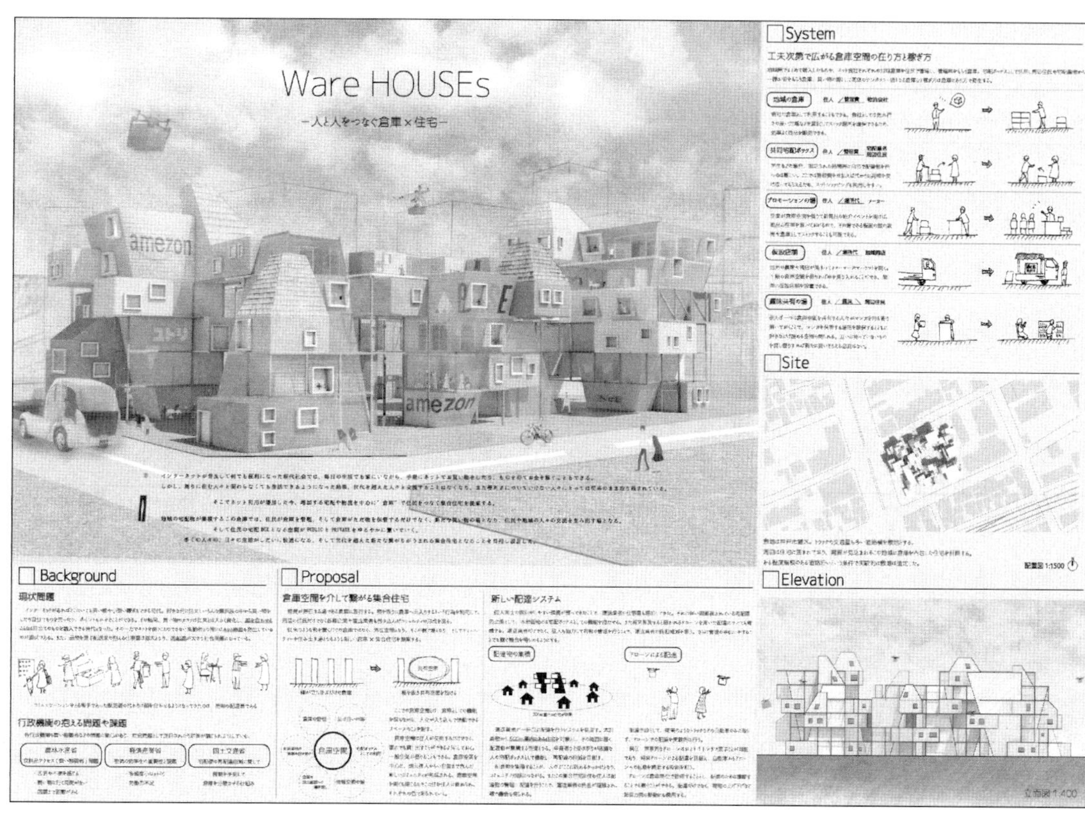

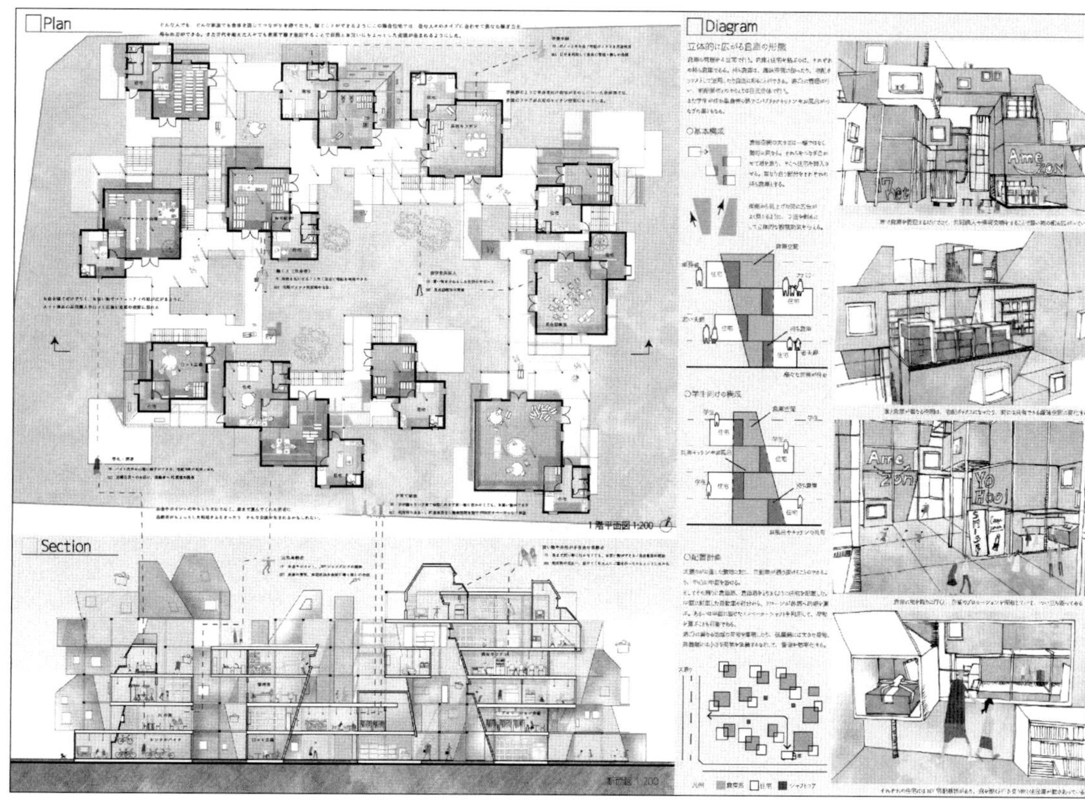

支部入選 44

浮遊荘

前田洋佑　五藤亮太
小澁航　牧拓志
神戸大学

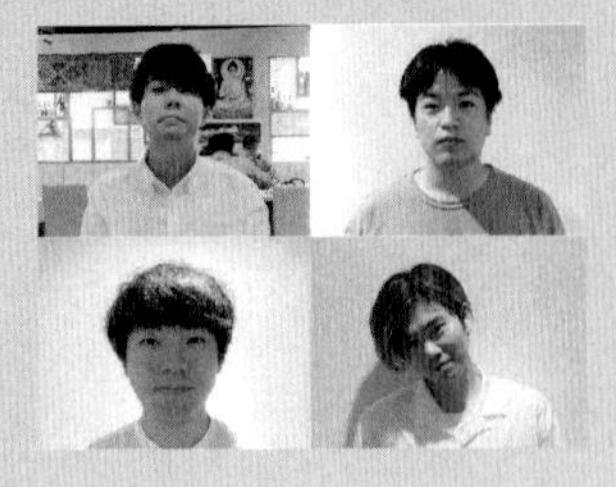

CONCEPT

水の持つ流動性によって繋がり稼ぐ住宅群を提案する。住人は必要に応じて地域の中で「床舟」を貸し借りすることで街にコミュニティが生まれると共に、自らの住宅の活動の場の規模をコントロールすることができる。経済活動を行う際に、外にある場に行くのではなく、場が外から住宅にやってくる。まさに住みながら稼ぐための床舟によって水辺における新たな経済と日常の風景が生まれる。

支部講評

海に面した淡路島・福良地区を対象に，かつて海を生業の場にしていた地区だったがそれが少なくなり海に面しない住宅が多くなった現状に対しもう一度海との結びつきをつくろうとした作品である。海との結びつきをつくるため道路を水路に変え，海面を自由に動き回りことができる6m²の「床舟」をつくり，その貸し借りやそれを使った商売によって住宅が「稼ぐ」ことを提案した。そこで暮らす住民同士が「床舟」とその発着のための住宅内部の開放的な空間を介して交流を行うだけでなく，住民が水産業に関わる新しい商売を行い，新しい観光資源として宿泊施設や飲食店ができる。海との関わりが弱くなった地区を，「床舟」とそのための住宅の開放という方法を用いて再び海との関わりを強くし，コミュニティの再生の提案を行った点を評価した。

（松原茂樹）

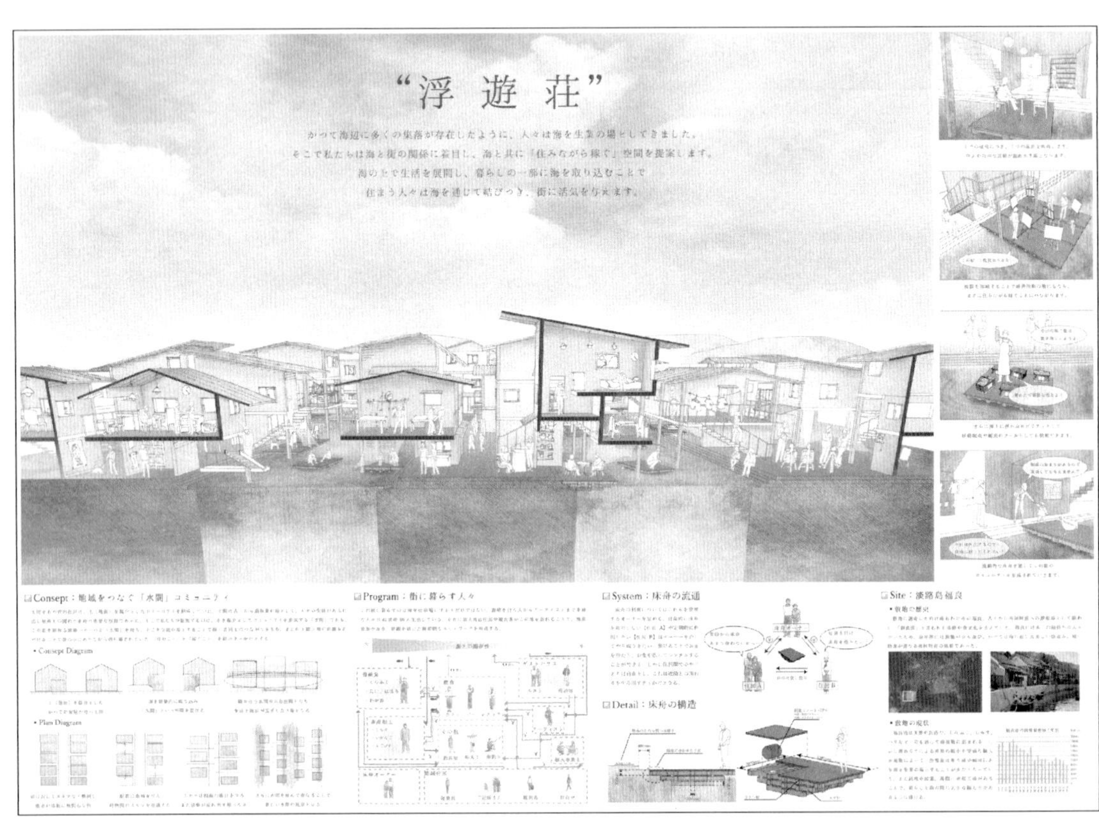

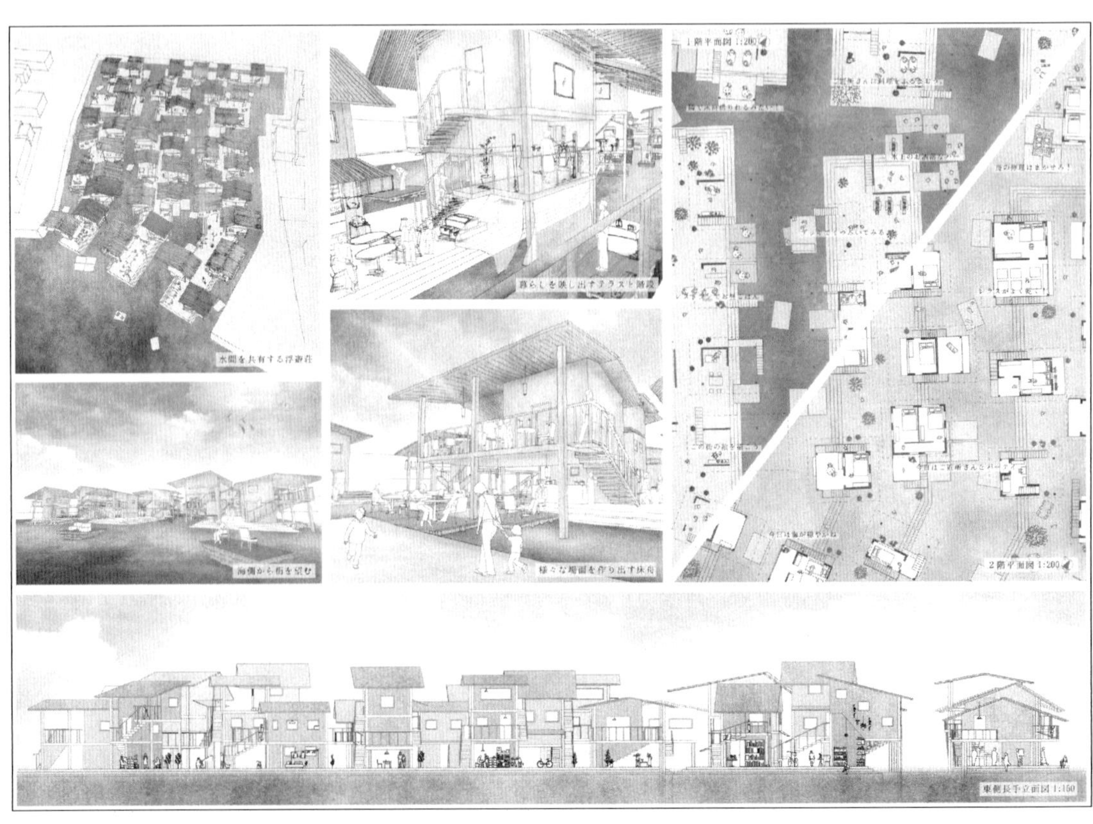

支部入選 45

路を彩る小さなまち
—日常に現れる屋台装置—

棗田直路
寺下麻里奈
松下七海
近畿大学

CONCEPT

時間限定で街に出現し、消える屋台。
移動可能な屋台を住宅に組み込む。複数世帯が趣味を共有し、屋台を移動させて街の人々に趣味をおすそ分け。同時にちょっと稼ぐ。住宅の一部が多様性のあるモビリティ・ユニットとして街へ繰り出し、街に新たなストリート機能を生み出す。
住宅に組み込まれた屋台は、ベッドタウンと呼ばれる地域の不変の日常のなかに新たなライフサイクルを拡大させていく可能性を持っているのではないだろうか。

支部講評

一発必殺をねらった重いストレートパンチの課題に対して、提案者は軽快なフットワークのジャブで応酬してポイントを重ねた。はしなくも、課題との距離感が現れたこの作品の持ち味であろう。設計趣旨は住戸に接続された移動可能な「屋台」が、時折住宅から切り離されて「モビリティ・ユニット」として街を徘徊し、屋台にのせた広告で「稼ぐ」とするものである。課題要件は、孤立化した住戸の経済活動参加と、街の風景の劇的変化であるから、複数のテーマを俯瞰して同時に解き明かしており、回答率は高いといえよう。とはいえ、「屋台」移動と「稼ぐ」広告では、「仮設」の範疇を今一つ抜け出ておらず、作品の脆弱な足腰が惜しまれる。

（岩本弘光）

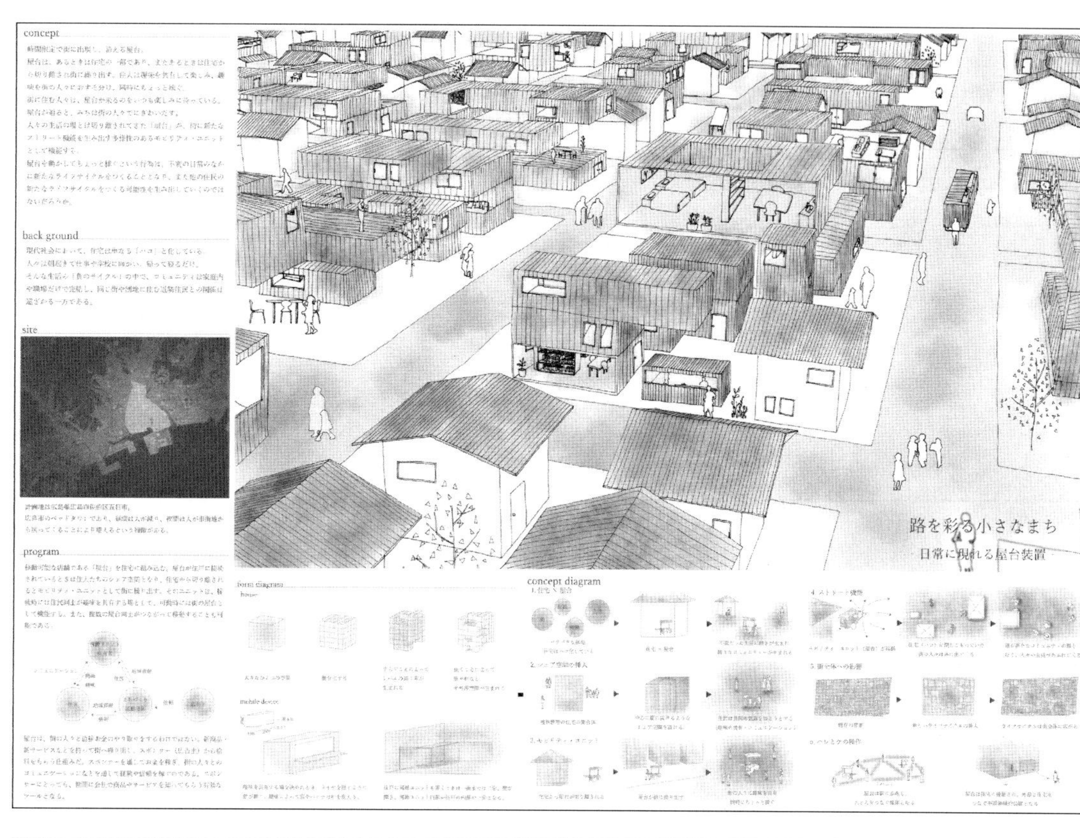

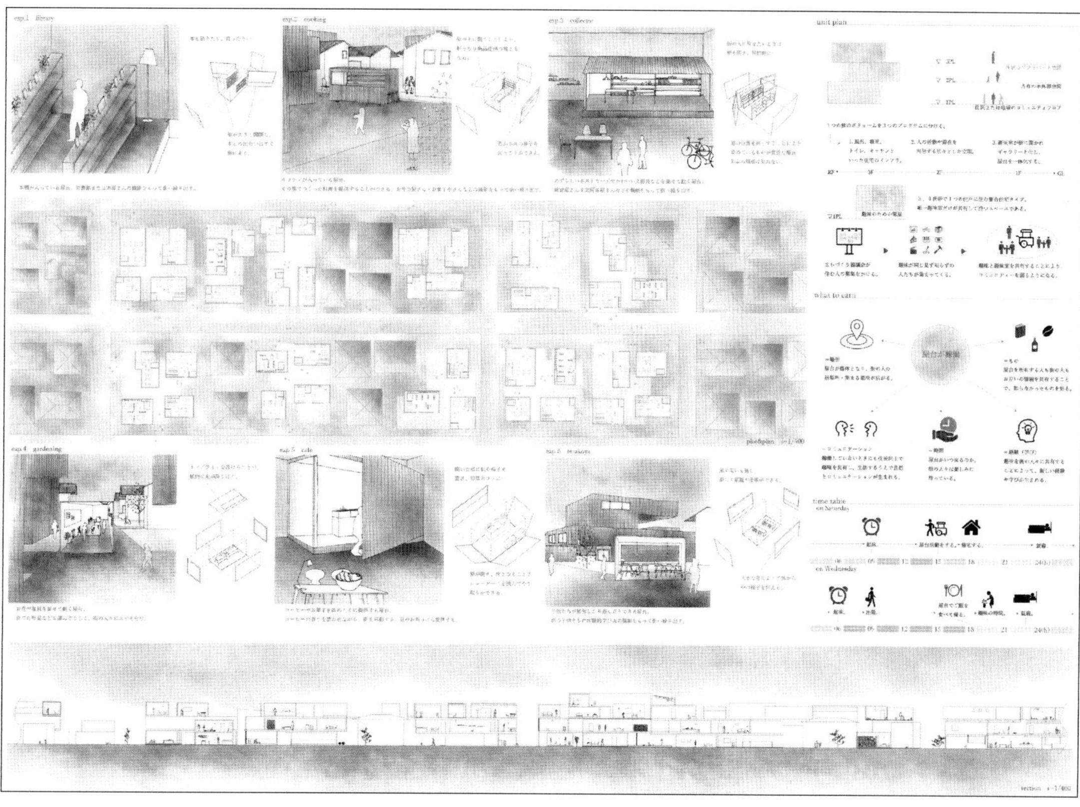

支部入選 46

振る舞いが造る斜景

中村岳史
平岡時士
近畿大学

CONCEPT

本計画では、災害の危険性がある斜面地において、呉の「産業の力」による恩恵が消えゆく斜景を補い・更新し、この地独特のローカリティを生み出す建築を提案する。
「産業の力」を備えた建築によって人々の意識に変化を起こし「小さな経済活動」から、この地でしかできない新たな風景を紡いでゆく。

支部講評

軍港の発展とともに急激に開発された呉市の斜面住宅地には至る所に急勾配の坂道や階段のある道が張り巡らされ、住宅がひしめくように建ち並んでいたが、そのアクセス条件の悪さなどから空家、空地が目立つようになっている。そのような斜面住宅地に対する提案である。斜面地から港を一望できる見晴らしの中でクレーンや製鉄所がつくる独特な風景を斜景として評価し、呉の歴史を支えた造船や鉄鋼の技術をベースに町を守る土台となる生業をきっかけに地域で新たな活動を仕掛けていこうとする計画である。大変難しい課題であったと思うが、イベントスペース、川辺で遊ぶ場所、喫茶店、市の場所、菜園、等の個別空間の提案になっているが、「産業の力」を活かした新たな生業とは何なのか、それをきっかけにしてどのようなくらしが再生するのか、住宅と稼ぎをどのようにつなげるかなど、もう少しリアリティのあるこの場所ならではの提案があったら良かったと思う。

（内田文雄）

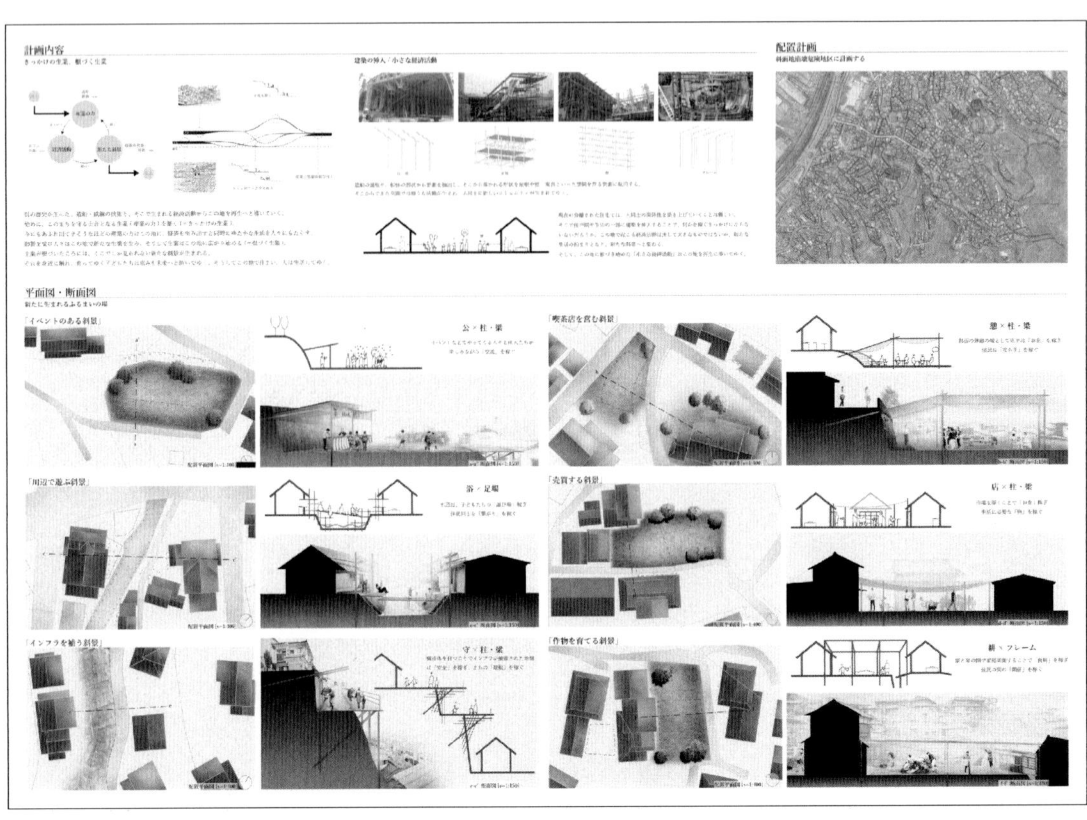

支部入選 47

環の旅館
―空き家をつむいだエリア再生―

松田一明　松下七海*
北山裕貴*　吉本大樹*
小林広樹*
日鉄住金テックスエンジ株式会社・近畿大学*

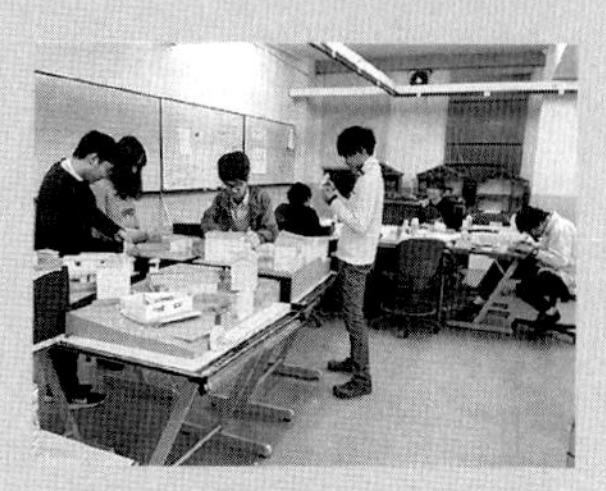

CONCEPT

既存の建物を除去して敷地をゼロにし、新しいものをつくっていくことだけが果たしてそこに住む人々の生活を豊かにするのだろうか。
設計をする周辺環境に介入するときに初めにやるべきなのは、対象敷地とその周辺エリアを丹念に見て回ることであり建築はその観察から生まれてくるものだと考えている。
本計画では古来より日本文化の様々な分野で行われてきた「見立て」と呼ばれる手法を用い、まち全体を旅館と見立て建築的介入によりエリアの再生を目指す。

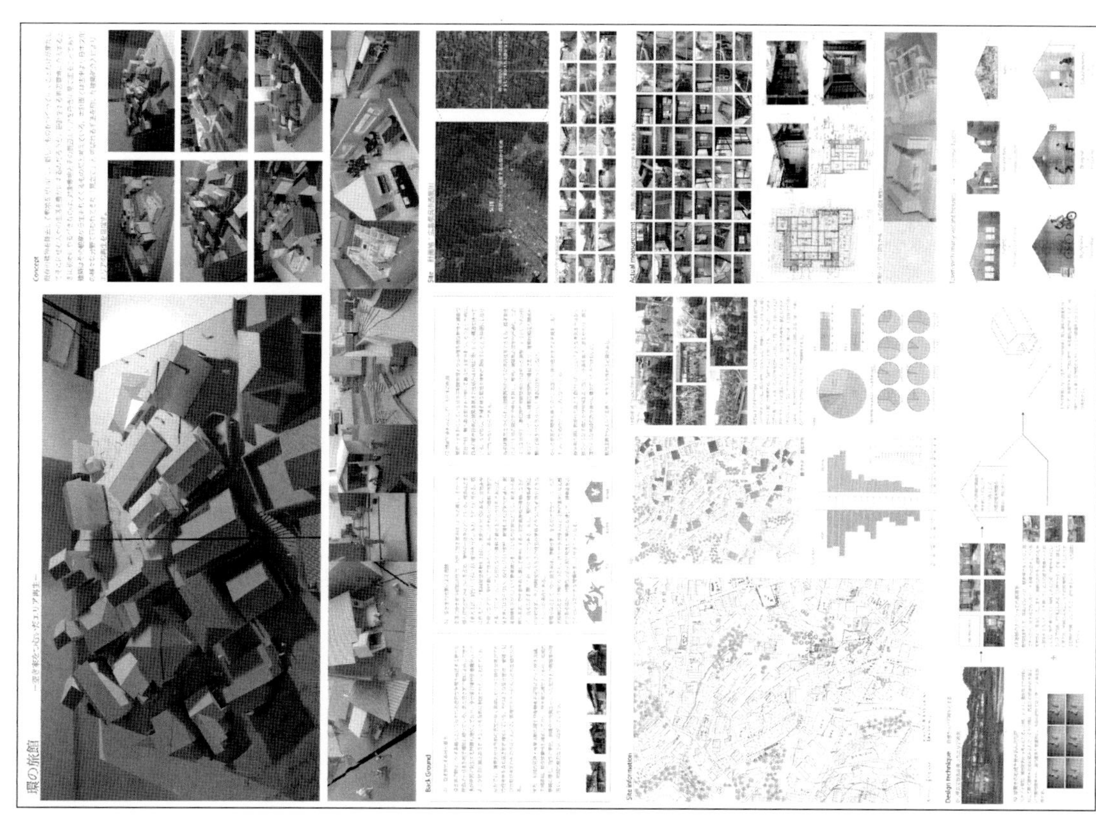

支部講評

広島県呉駅の後背の斜面住宅地の中の空き家を活用した、まちに拡がる旅館の提案である。通常ひとつの建物に入っている、客室、食堂、浴場、物販店、カフェ等の旅館の基本機能を分解し、空き家を使ってまちの中に分散して配置し、それぞれの施設を歩いて巡ることで成り立つ旅館の提案である。実際に空き家を実測し、実際のモデルスタディから、土間、テラス、腰掛け等まちに開く要素を道につなげる「土間テラス」のある空間により斜面地全体に広がる楽しい旅館にするプログラムである。運営を誰が担うか、など解決すべき課題はあるが、地域としての一定のアイデンティティを持つ住宅地の活用方策としては可能性のある提案であると思う。ただ、個別建築の改修提案に留まっており、本設計競技の主なテーマである「住むこと」と「稼ぐこと」をどのようにつなげていくかについての具体的な提案があればよりリアリティを持つ提案になったと思われる。

（内田文雄）

支部入選 48

肩を組む未完の家々

青木康大
近畿大学

CONCEPT

この街の家は未完である。公共空間を捻出するために、生活機能を削り取ったためだ。キッチンやダイニングの無い家、風呂の無い家など。しかし、捻出した公共空間は街の住民の不足した生活機能を補う。公共空間は街のスケールに置き換えられ、例えば、街のダイニングやキッチン、温泉へとスケールアップし、人々の生活を支える。未完の家々が互いに肩を組み、不足した生活のピースを補うことで、住みながら、支えながら、稼ぐ提案。

支部講評

住宅の機能を一つ欠くと同時に別の機能をスケールアップさせ、公共空間へ貸し出すという手法で、様々なパターンの住宅を計画し団地を形成する事で、欠けた機能を公共空間で補完しながら、生活と稼ぐ行為を団地全体で支えている住宅団地の提案である。
家のお風呂を銭湯に、ダイニングをレストランにするなどの点は、通常の自営業と変わらないが、すべての家が何かしらの機能を欠いているため、自己完結はせず、それぞれの機能を「貸して頂く」、「使って頂く」などの人々の繋がりがあって生活が成り立つよう計画されている。未完の家々が肩を組み、支え合いの中から生み出される人々の暖かい繋がりや生活の豊かさが想像できる魅力ある作品である。

（小川晋一）

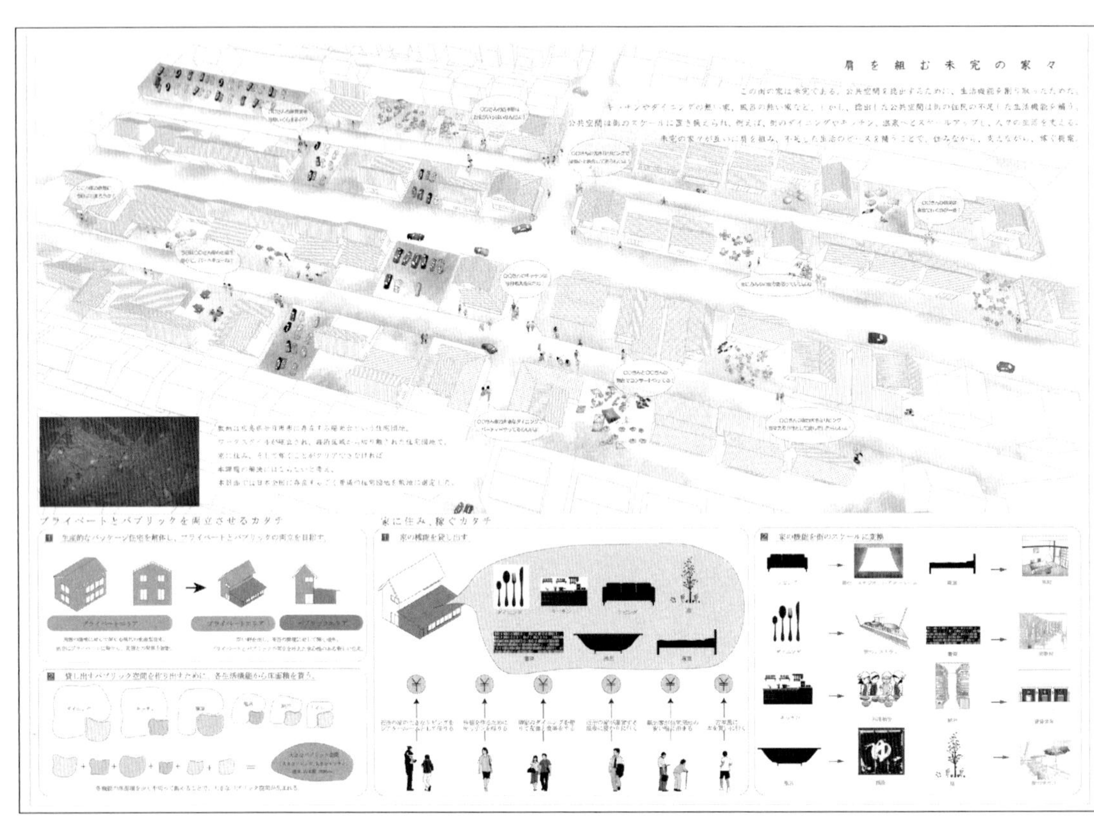

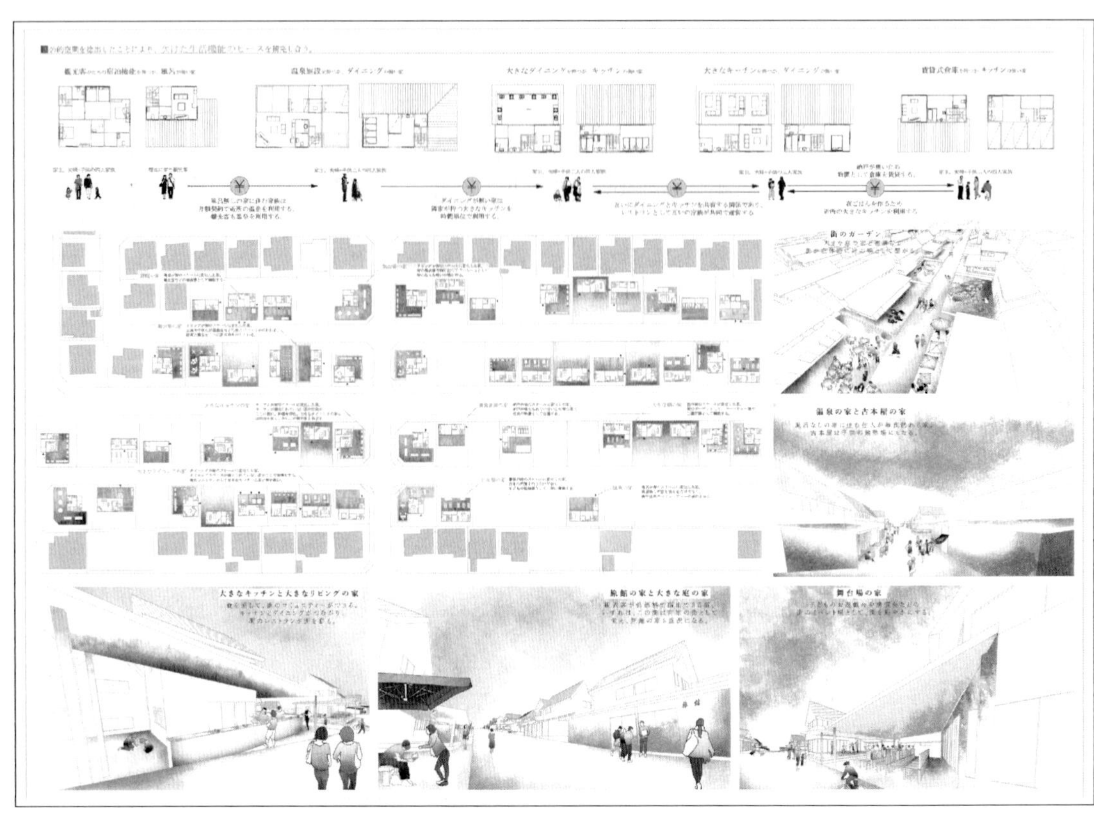

支部入選 49

家を解けば、街を結ぶ。

笹尾浩二
今江周作
實光周作
近畿大学

CONCEPT

綺麗な瀬戸内の海。寺社仏閣が建つ山々。それらを繋ぐ路地の町、尾道。しかし、この場所でも商業地区と住宅地域が分断されており、住宅地域では空き家が多く目立つ。そんな住宅地域に多数存在する空き家を解くように一部を引き抜いていく。その場所には、近隣の生活が絡まった新しい魅力ある場となる。住宅地域を解くことで新しい魅力を作り出し、街全体が結ばれていく。そんな尾道の生活を糸口とした街全体での稼ぎ方を提案する。

支部講評

「住宅に住む」ことを、個々の住宅ではなく、集合体として捉え、空き家となってしまっている住宅に手を加え、そこに地域の魅力や個性をつくり出し「そこで稼ぐ」まちを全体のイメージとしている。空き家の一部分を解体し、容積を縮小させ、地域住民や観光客の出会いやたまりの場となるようなスケルトンの表現がなされている。図面表現は美しく十分に評価できる。この地域の風景、地形、木造による民家や人物表現など実に巧みである。面的に広がる住宅群の中に、オアシスのような魅力的な場をつくろうとする意図やその表現はよく理解できるのだが、もう少し具体的に稼ぐ・稼げる建築まで表現してほしかった。今回の課題ではそこが難解なのだが……。

（村上徹）

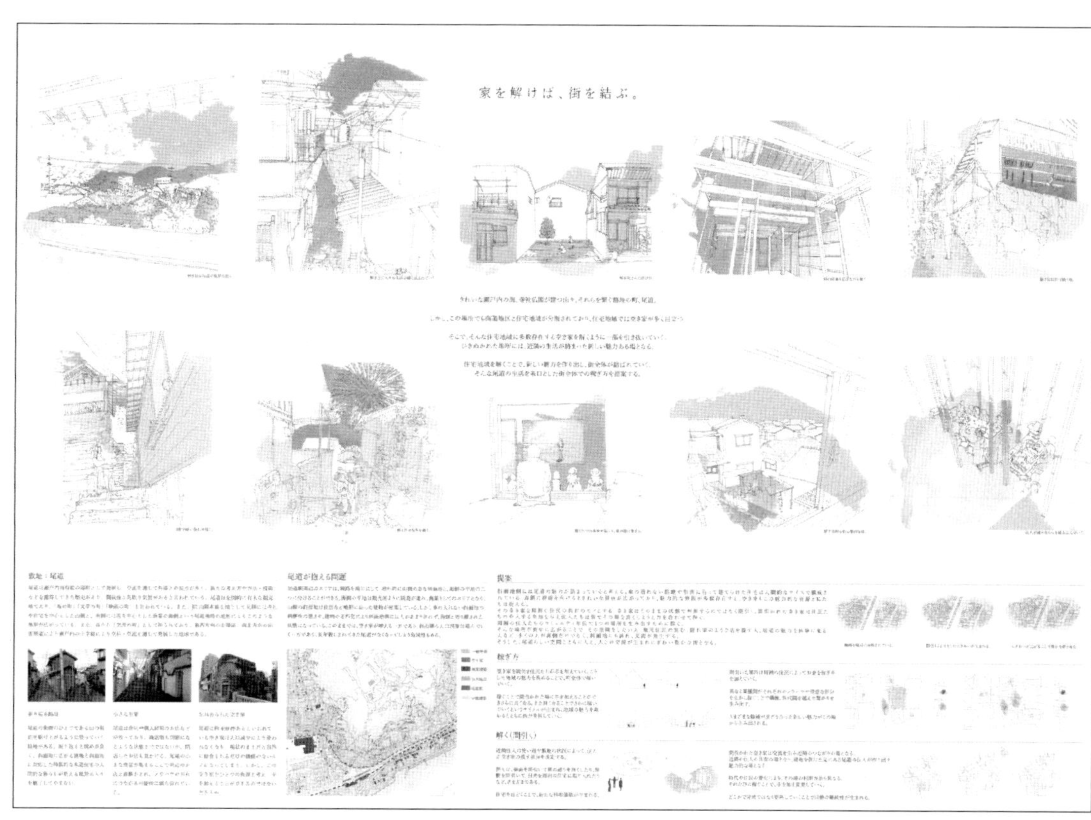

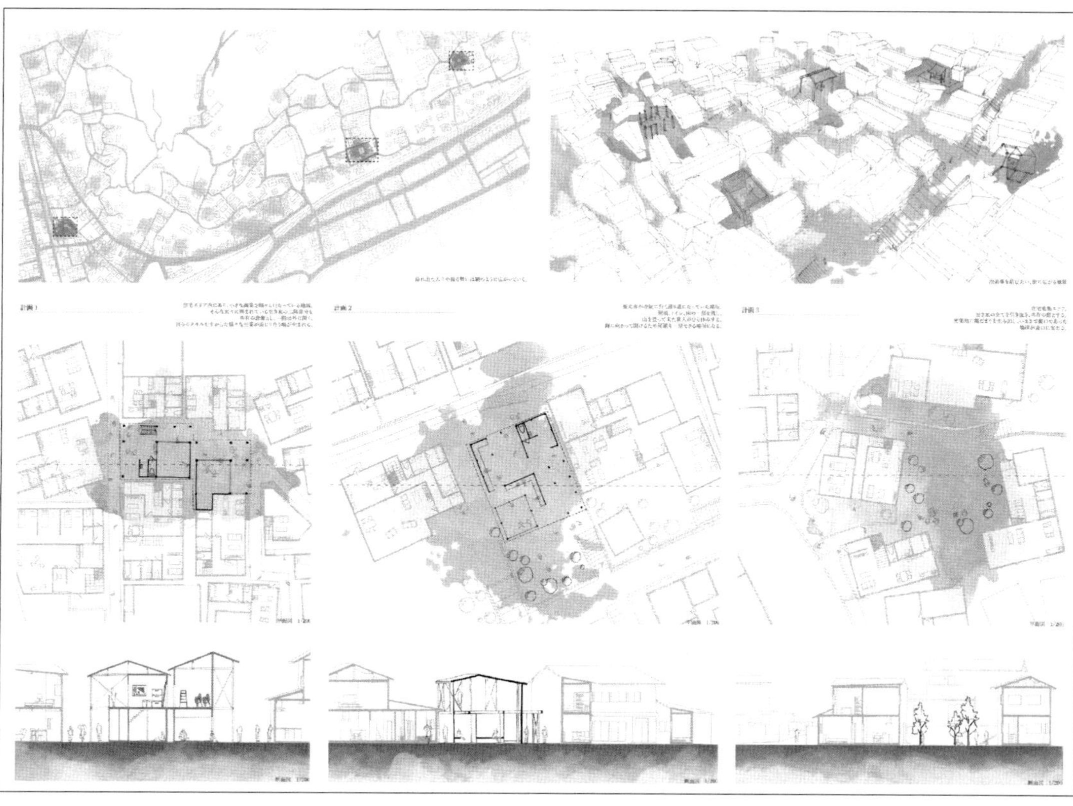

支部入選 50

稼 = フルーツハウス

園生晴菜
影山万祐
福本圭祐
近畿大学

CONCEPT

海と山に囲まれているこの街は斜面に寺社や住宅が立ち並び、景観がとても優れている。
しかし、住居とお店にくっきりと隔たりができている。
そこで、景観を保ちつつ、住居の中に経済活動が入り込む果樹園を計画する。
果樹園が本業の農家世帯とお仕事をしている副業世帯と定年退職した高齢者世帯が同じ敷地内に住み、果物を育てる・収穫する・教える・商うのサイクルにより四季で商業活動をしていく。
また、住居は温室で囲まれていることにより世帯間のコミュニティ、外部からきたお客さんともコミュニケーションが生まれやすい環境となる。

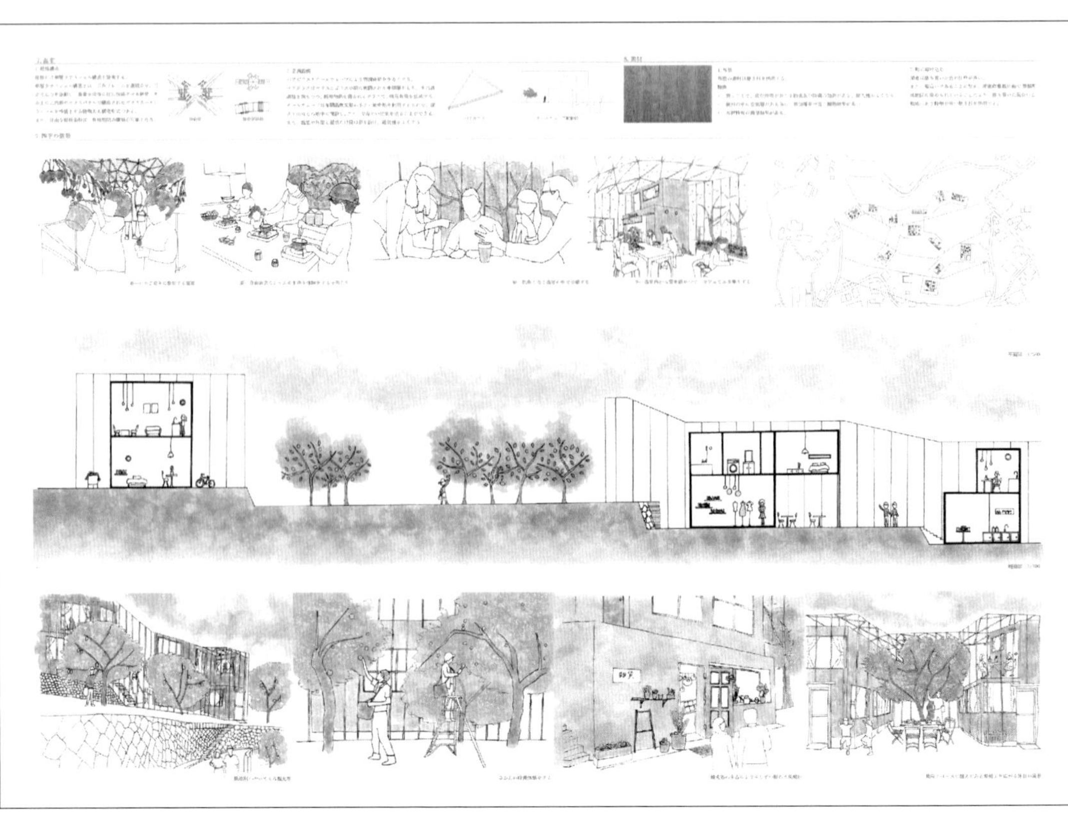

支部講評

傾斜地の住宅地に果樹園を作ることで小さな経済活動として、果樹園が本業の農家世帯と果樹園を副業とする定年退職した世帯が同じ敷地の中で果物を育てる、収穫する、教える、商うということを共有しながらコミュニティを作る。敷地の周辺の島嶼部では果樹の栽培が盛んである。気候特性にあった果樹栽培を巧みに住居地域に導入しているといえる。住居は温室で囲まれることで居住空間として魅力的な住宅の提案がなされている。ここには外部からの客も来ることができる。高齢化と空き家が進む地方都市の未来は住居だけでなく温室果樹園での経済活動が行われることで新しい斜面景観と新しい経済活動と新しいコミュニティを創造的に提案している。

（岡河貢）

支部入選 **51**

空き家を耕す
—スローライフから始まる小さな経済圏—

白石雄也
工藤崇史
近畿大学

CONCEPT

日本人は古来より大地と共に暮らしを築いてきた。
土地を耕し作物を育て、生業とし集落という小さな共同体の中で助け合いながら生活をしてきた。
尾道は、多種多様な農業が営まれ、斜面地に多くの住宅が密接していることから、生業が人々の距離を近づける可能性を持っている。
農業を中心としたスローライフという地産地消型の農のサイクルを提案することにより、小さな稼ぎとコミュニティから始まる「小さな経済圏」が生まれる。

支部講評

農業を中心としたスローライフという産地消費型の農業のサイクルを高齢化が進み空き家の増加した古くからの港町の傾斜地に提案している。空き家の木造の躯体を利用してビニールハウスとすることで、古くて新しい斜面景観をさりげなく提案している。小さな経済活動だがこれからの高齢化社会の中での地方都市での新しいライフスタイルとして、斜面の空き家のリサイクルとしても説得力のある提案となっている。このような空き家を利用した小さな経済活動は人口減少と高齢化が進む地方都市の住宅地のスローライフとしての現実感のある豊かな未来の生活の可能性を示している。これからのライフスタイルとしての可能性の提案として評価されるであろう。

（岡河貢）

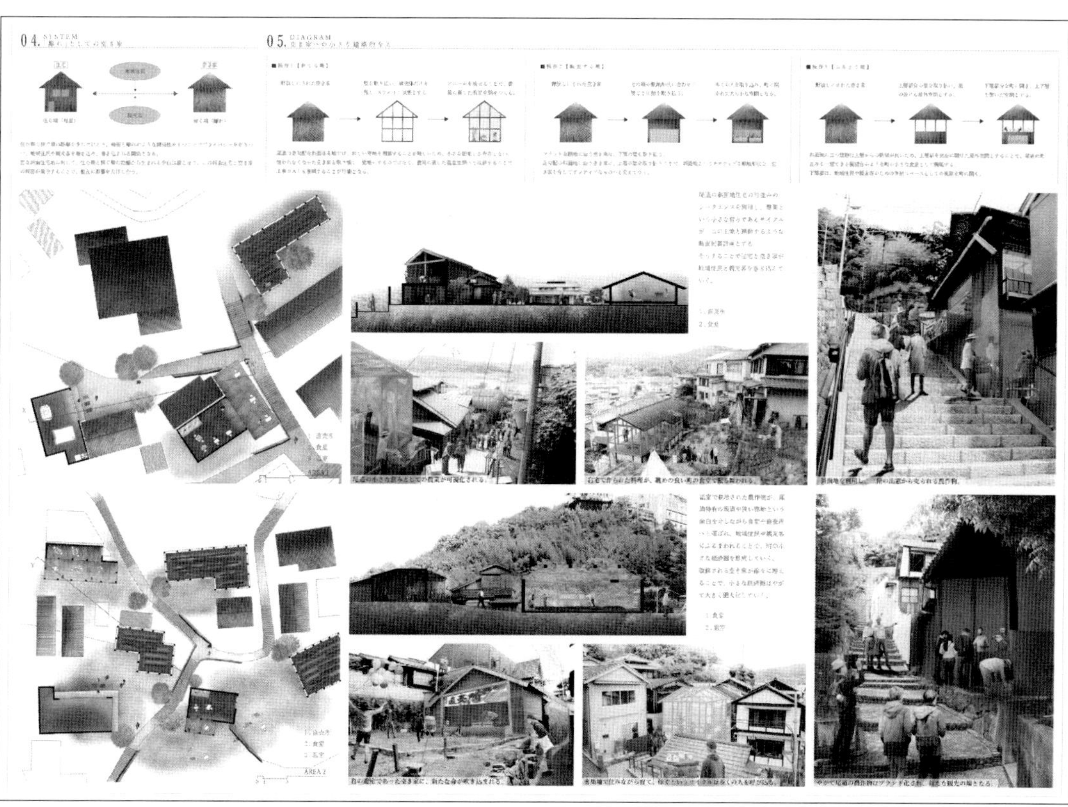

支部入選 **52**

半年、みかん

吉田聖
両川厚輝
東京大学

CONCEPT

みかん農業が地場産業の愛媛県八幡浜市において、山小屋を改修して住みながら農繁期はみかん農業で働き、農閑期は各々の仕事をする暮らしを提案する。これは農業労働者の確保、若い人材の地域定着、農業を通した多様なつながりを生み出す。また現状では半年間使われない山小屋、集荷場といった既存資源の活用にもつながる。また、段々畑に住むということ自体が、その土地を保全するという価値を持つ。

支部講評

住宅が経済活動に参加する事により劇的に変わる以前に、地方が長い年月の中で培ってきた風土そのものが失われつつある現代で、みかん農業という既存の産業を核に、みかん畑に住むという提案は、職住近接の極みであり、地方でこそ実現可能な提案だ。
新たなコミュニティを形成する場の、集荷場の農閑期の利用方法には、利用空間の確保などの、幾つかの問題点もあると思われるが、そういう機能を考慮した増築、改築などで対応は可能だろう。
八幡浜という土地と、みかん農業をテーマに据える事で、失われつつある景観と基幹産業の保全の可能性は、作者が語る以上に風土の守り人たり得ると思われ、課題の『住宅に住む、そしてそこで稼ぐ』なかから、新しいコミュニティが生まれてゆく気がする。

（中川俊博）

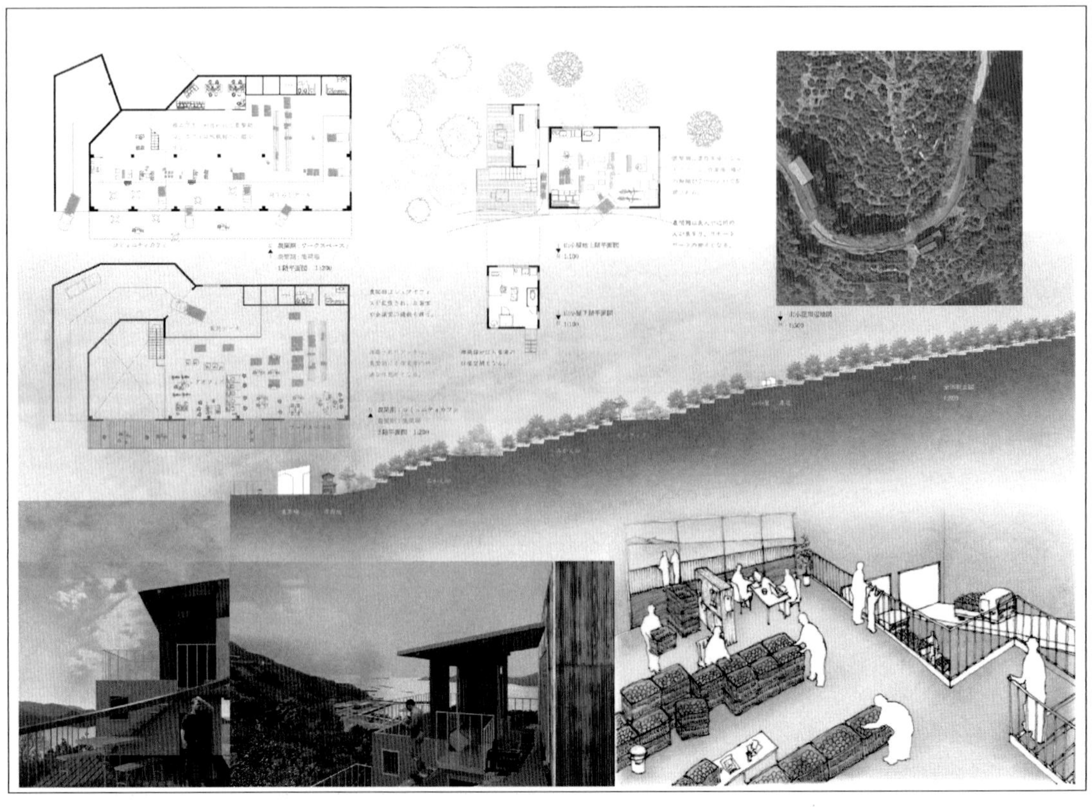

支部入選 53

野趣の人だかり

秋山典裕
高橋慧一
岡山理科大学

CONCEPT

地方創生が活発な都市で新しい仕事のあり方を考える。敷地は徳島県神山町。
多様な仕事があふれる現在において、未だに「生きる＝暮らし＋仕事」という式が成り立っている。
もし仕事が、自由な場所ででき、それによって交友関係や地域コミュニティが広がっていくとしたら。もし仕事が、暮らしの中にあり、それによって互いに刺激し合うものであったとしたら。
生活の一部となった多種多様な仕事が互いに影響を与える空間を提供する。

支部講評

都会から既にＩＴ企業のサテライトオフィスの進出が相次いでいる徳島県神山町は、2004年に神山町と佐那河内村が連携し、山間部の情報格差対応としてケーブルＴＶ兼用の光ファイバーを敷設し、山間であっても住みながら稼ぐことができる地域である。神山町の中央を東西に横断する鮎喰川流域を望む場所を拠点とし、隣接する城西高校のカリキュラムのひとつに神山創造があり学生をはじめ、町民交流の盛んなこの地域では、町民との触れ合いを通じて町の活動と魅力を学び、その活動を取り込める位置関係としている。拠点施設は、地元の杉間伐材を利用した拝み屋根の形状が周辺環境と調和し、計画場所の地形を利用した空間構成から地域に開かれた親水空間、鮎喰川への通り抜け空間が心地よい。5つのオフィスを中心とし、それぞれの居住空間にコモンを配置し、人々とのコミュニケーションが取れる工夫をしている。

（佐藤昌平）

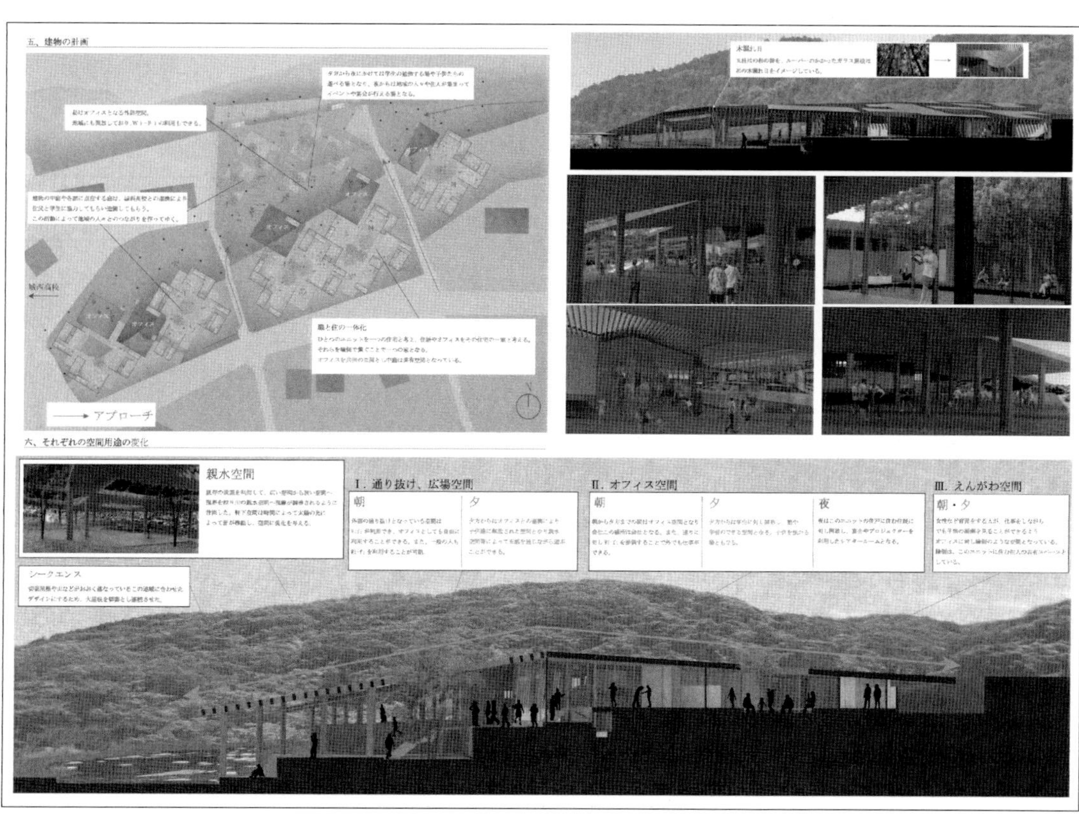

支部入選 54

空を貫く拡張都市
—コアのバトンタッチが作り出す新たな経済・防災システムの提案—

金井賢三
水上翔太
神奈川大学

CONCEPT

本計画では、本来垂直動線しか持っていないコアに様々な「稼ぐ」機能を持たせ避難タワー独自の経済参入を目指す。多種多様な「稼ぐ」機能を持ったコアの周りにはその用途に見合ったユーザーが暮らしを持つ。暮らしを持ったユニットが、他の「稼ぐ」機能を持ったコアと絡み合い新しい「稼ぎ」を創出し拡張し続ける。ユーザーが増えることで、「稼ぐ」機能のジャンルが増え、またユーザーが増える。この相乗効果によってこのユニット群が都市を形成していく。

支部講評

高知ならでは発想かも知れないが、いつの日か来るであろう震災後の津波避難タワーの延長上に住居があり、人々の生活があり、経済活動がある想定での計画である。生活の中の防災意識の低下を防ぎコミュニティの復活を目指す意味もあるだろう。避難タワーの連続性を持ったダイヤグラムを目標に各コアユニットの特徴を生かすブロック分け方式は近未来の都市そのものである。人々がその地で、安心安全の中で生活をし、自由に経済活動が行なえることは、なによりもの理想郷の姿になるだろう。人間の移動手段も、大きく変化を遂げるであろう未来にふさわしい夢ある計画案であると感じる。作図表現は、あまりにも詰込み過ぎの感があり見づらく判りにくい。

（松浦洋）

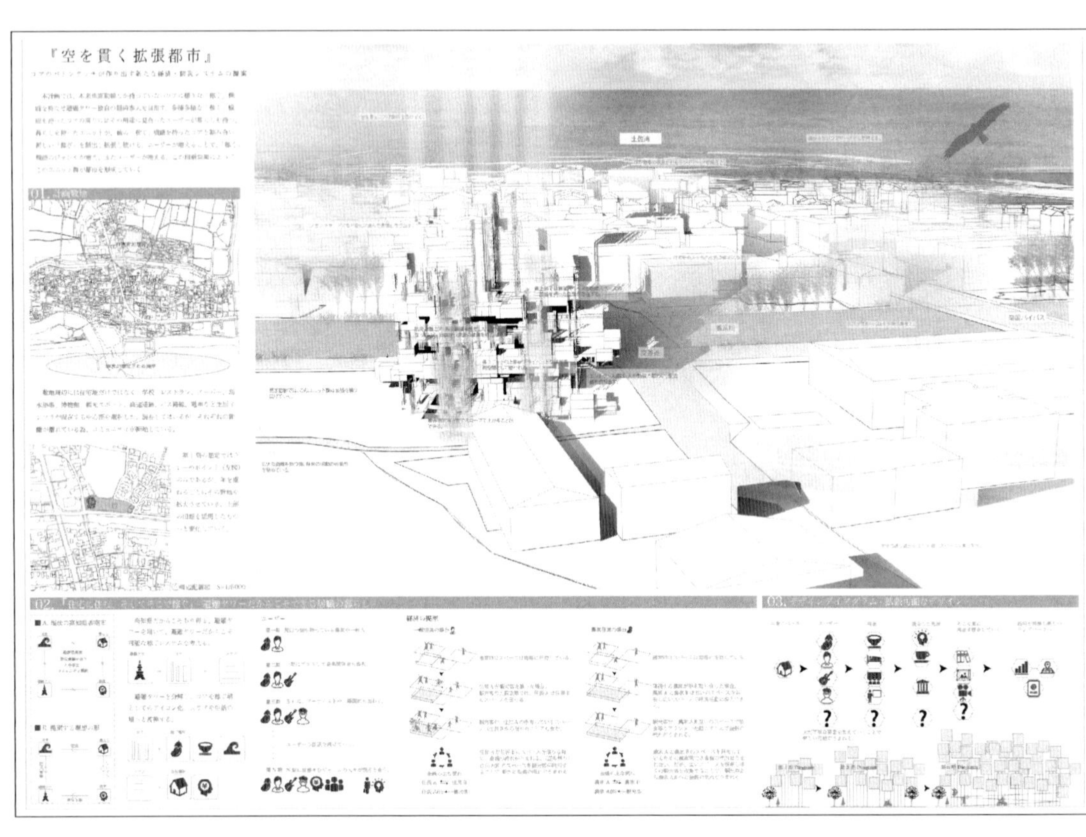

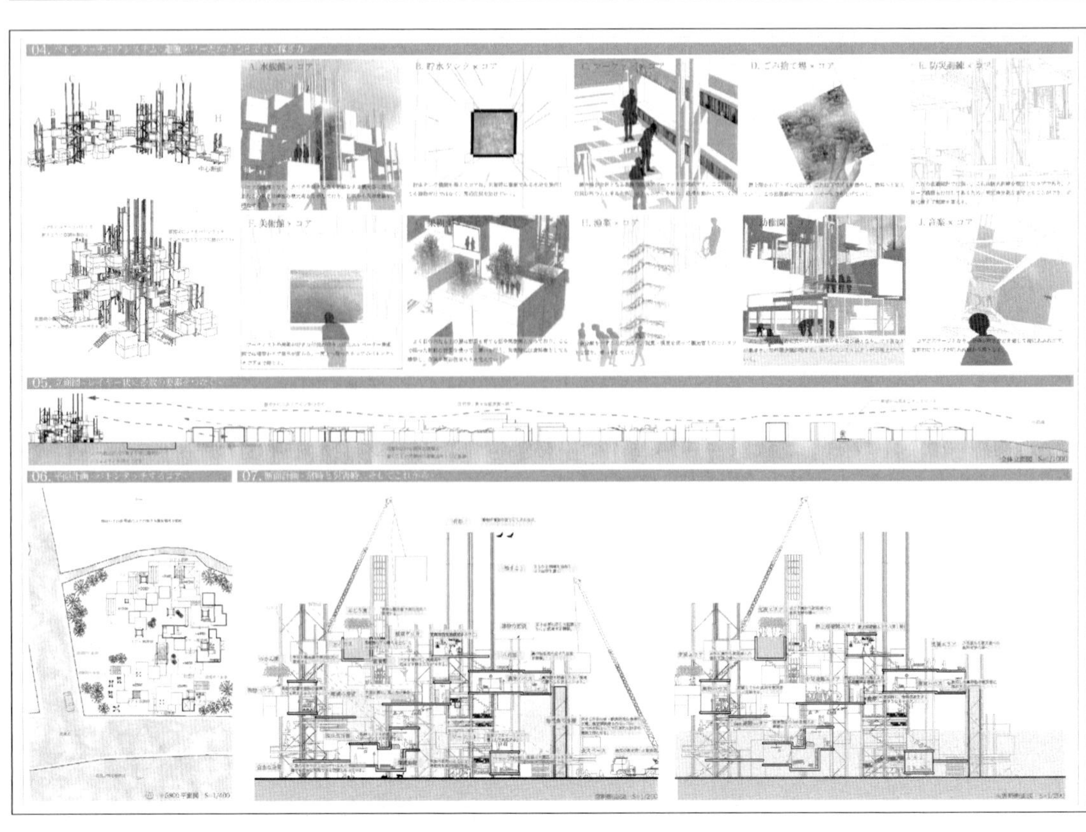

支部入選 55

祭環
～祭りに消える住宅～

仙波宏章　大崎幹史　三浦恭輔
池田光　高野真美
日本大学

CONCEPT

祭りは経済活動である。長崎市は一年を通して数々の祭りが行われ、長崎くんちは400年の歴史を持つ。人々は祭りを観光資源として活用してきた。本提案では祭りのインフラとしての住宅によって、祭りの経済循環を再編する。住宅の余白を祭りの会場として開き集客によって収益を得る。収益の一部で住民は空間を広げ、そこに人々の日常が流れ込み、生活を補完し、祭りの時は住宅がパッチワークのように繋がり新たな風景をつくる。

支部講評

かつては、五穀豊穣を祈り、暮らしの歳時記でもあった祭りは、いまや担い手がなく、存続が危ぶまれる状況である。観光が重要な産業であることは周知のとおりであるが、祭りそのものをダイレクトに経済活動と捉えている着眼点がよい。祭りを観覧するために住宅にまとわりつくように構築するインフラストラクチャーが経済行為の場となるだけでなく、暮らしの拡張にもつながっており、そこに上り俯瞰することで、祭りをより立体的に浮き上がらせる。このインフラストラクチャーの存在が、町全体を有機的に繋げ、設計主旨を的確に表現する要素となっており、ストーリーの組み立てに成功している案といえる。

（松野尾仁美）

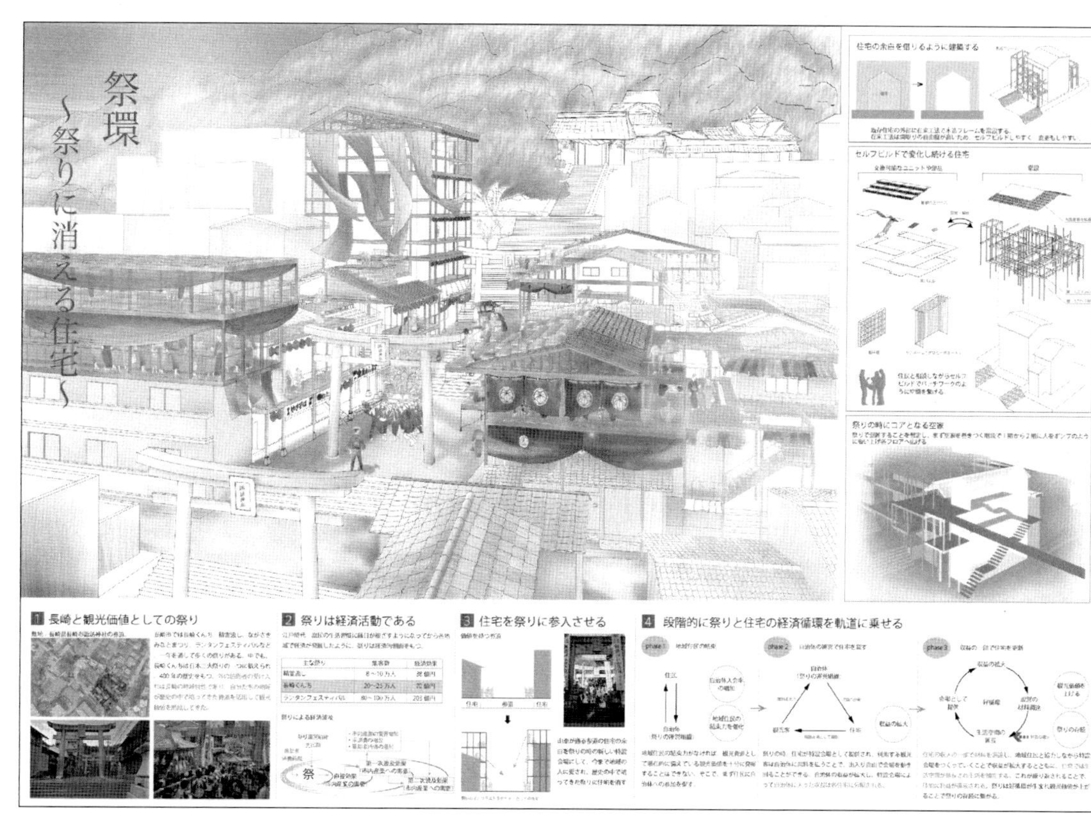

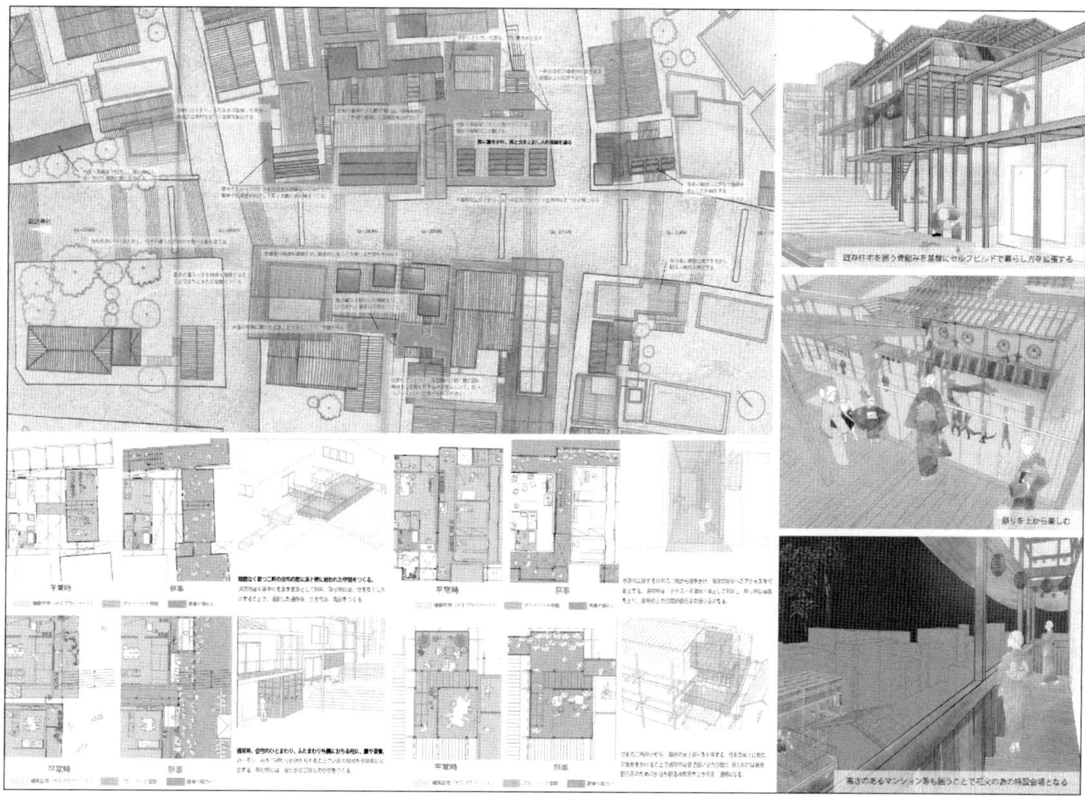

支部入選 56

transroom

小野山桜
九州大学

CONCEPT

学生は旅行に行ったり、友人の家に遊びに行ったり、帰省したり、反対に家族や友人が遊びに来たりと必要なスペースに変化があります。そのため、外出してスペースが必要でないときはこの動く壁をスライドさせてぴったりと隣の壁にくっつけて、自分のスペースを貸し、その分の料金を借り手から貰います。得られる収入はわずかかもしれませんが、就職して毎月お給料を貰う社会人とは違う、学生ならではの稼ぎ方です。

支部講評

壁にもなっている家具が動くことによって、住まいと稼ぐ空間が両方できるというシンプルな発想は面白い。部屋が伸び縮みすることによって空間のキャラクターが小から大までトランスフォームするということだろう。もう少し説得力のある詳細なディテールがあると、より伝わるだろう、例えば、家具はレールで動くのかどうかとか。家具自体の重さは相当なものになるはずなので、そういう具体的な部分の詰めが甘いとアイデアだけのお話で終わってしまう。また、プログラムもレンタルスペースというのは自ら条件を緩くし過ぎていて安易ではある。もっと難しいことに挑戦してほしい。

（鵜飼哲矢）

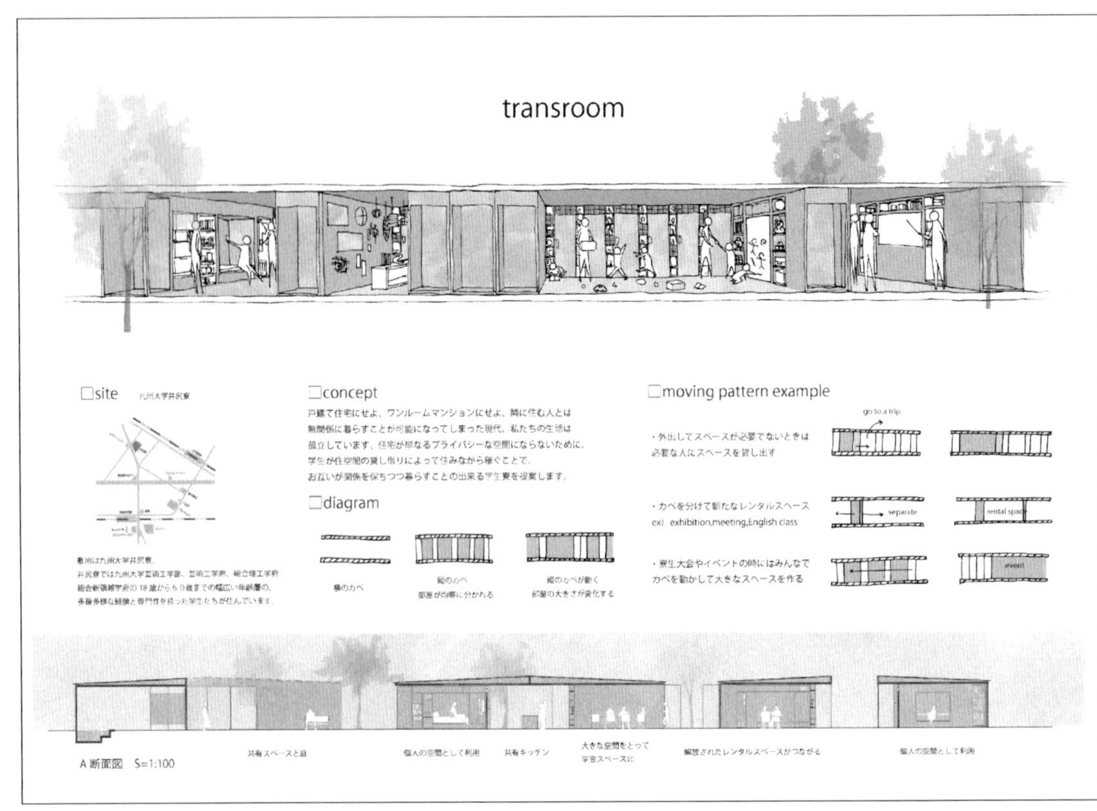

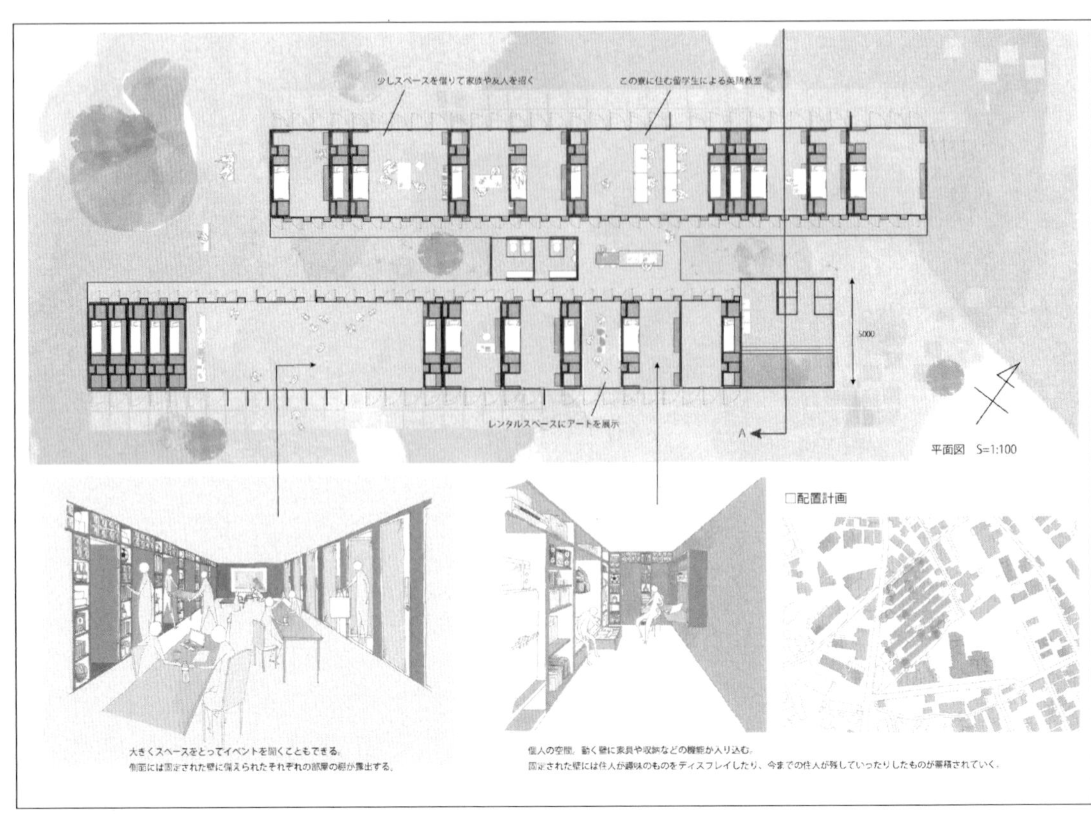

支部入選 **57**

奥さんとその家

春田隆道
鴨山仁人
北九州市立大学

CONCEPT

奥さんとは家の奥にいる人というところに由来している。
しかし、そう呼ばれ始めた時から時代は変わり、女性の社会進出が著しく、女性はより外に向かうようになってきた。しかし結婚や子育てと同時に、奥さんは家にいる時間が多くなるのは変わらない。家の奥を開放し、家にだれよりも長く住まう人、奥さんの働ける家を提案する。奥さんのホビーを起点に、働き稼ぐ、コミュニティの形成の2点を達成させることを目的とする。

支部講評

ハンドメイド製作などの在宅ワークを前提とした住宅の提案である。既存建築にも「店舗付き住宅」とゆう概念はあるが、計画を見るともう少し店舗と住宅の境界が緩く住宅を犠牲にしていないところに共感をもてる。店舗を『奥庭』に向け解放する事で、路地裏的な魅力も生み出せそうで、すぐにでも住宅地開発で使えそうな企画である。ただし、「奥さん」とゆう保守的な概念をターゲットに据えるべきか再考の余地がある。男女問わず今後増えるであろう、フリーランスや在宅ワーク者、セカンドビジネスや定年後も仕事をしたい者など様々な需要にもターゲットを置いた方が面白いと感じる。また、建物同士の関連性や中庭と「奥庭」との関連関連性などに工夫を感じられず、その点が評価を落としてしまっている。

(小林省三)

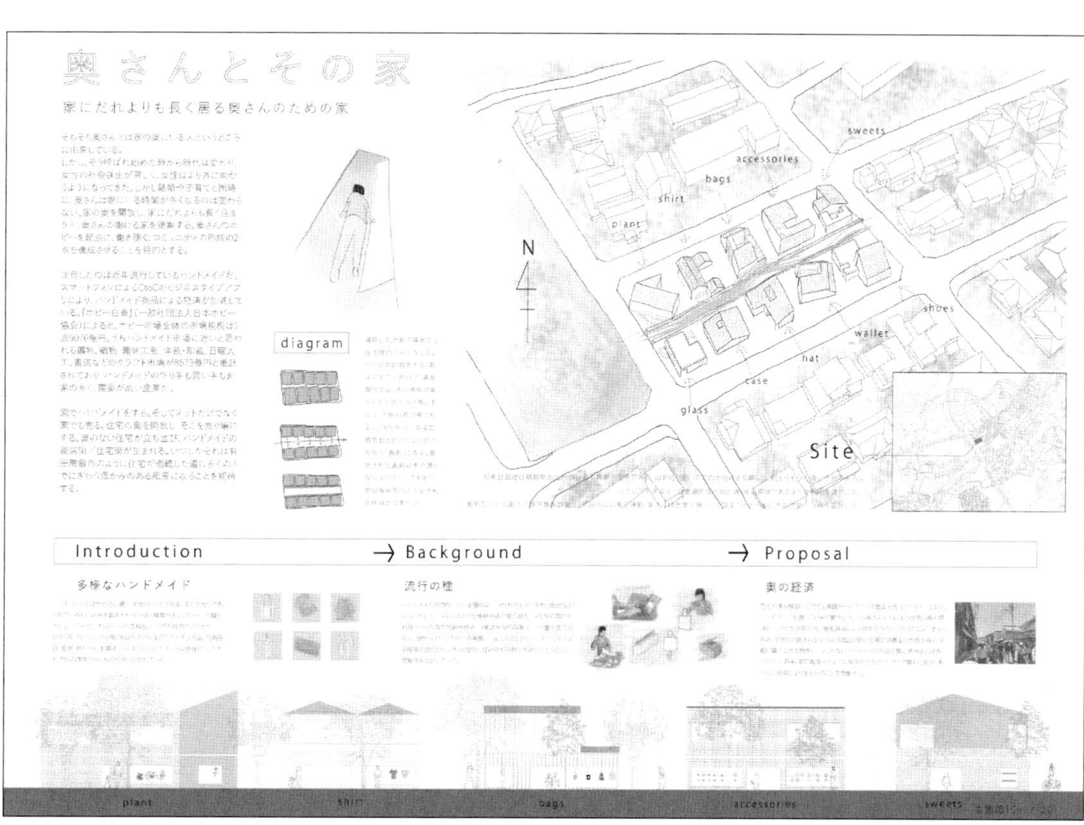

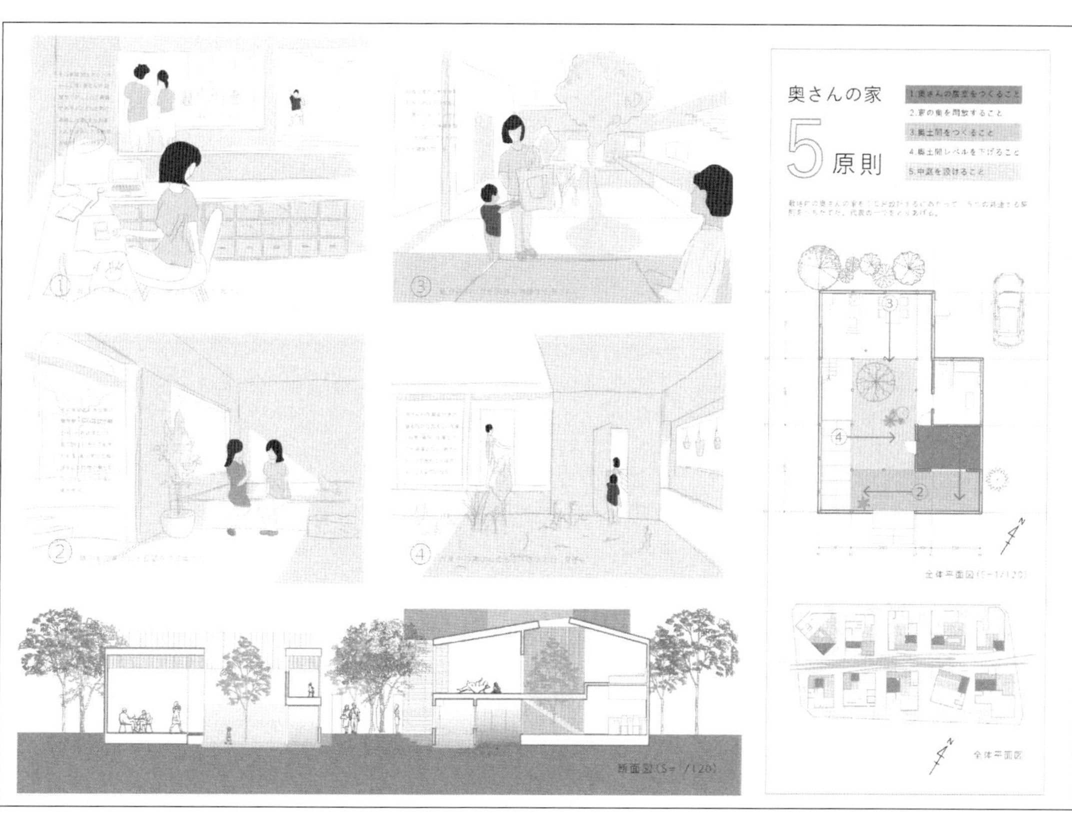

支部入選 59

はたかべ
畑壁

井口洋輔
上大迫祐太
塩崎奈都子
熊本大学

CONCEPT

物々交換によって、価値を稼ぐまちを提案する。
この傾斜したまちでは、住宅の壁が畑となり住民が外から世話をしている。
坂の麓からは連なった畑が一望でき、誰がどんな野菜を育てているか一目でわかる。
住民たちは収穫したものを交換しあい、畑壁が風景と住民を繋いでいく。

支部講評

高齢化が進み、新規住民の流入もほとんどない、急斜面の住宅地に、かつて、草木が生い茂っていた風景を重ね合わせ、斜面を活かした夢のある街を提案している。この畑の収穫時期は、おそらく夏。道を歩けば、美味しく生った夏野菜のゴーヤやキュウリ、トマト、朝顔やナタマメ、インゲンなどが顔をのぞかせ、中に入れば、それらを美味しくいただける。ここに住む住民は、家庭菜園が趣味で、野菜好きの野菜オタク、日頃から趣味の会話を楽しんでいる。野菜の育たない冬は、南が解放され、南面日照がふんだんに得られる暖かな住宅となる。釜山やリオの色付けされた斜面地景観が有名であるが、この麓からは、緑の壁面が群となった斜面の街が眺められるのだろう。

（福田展淳）

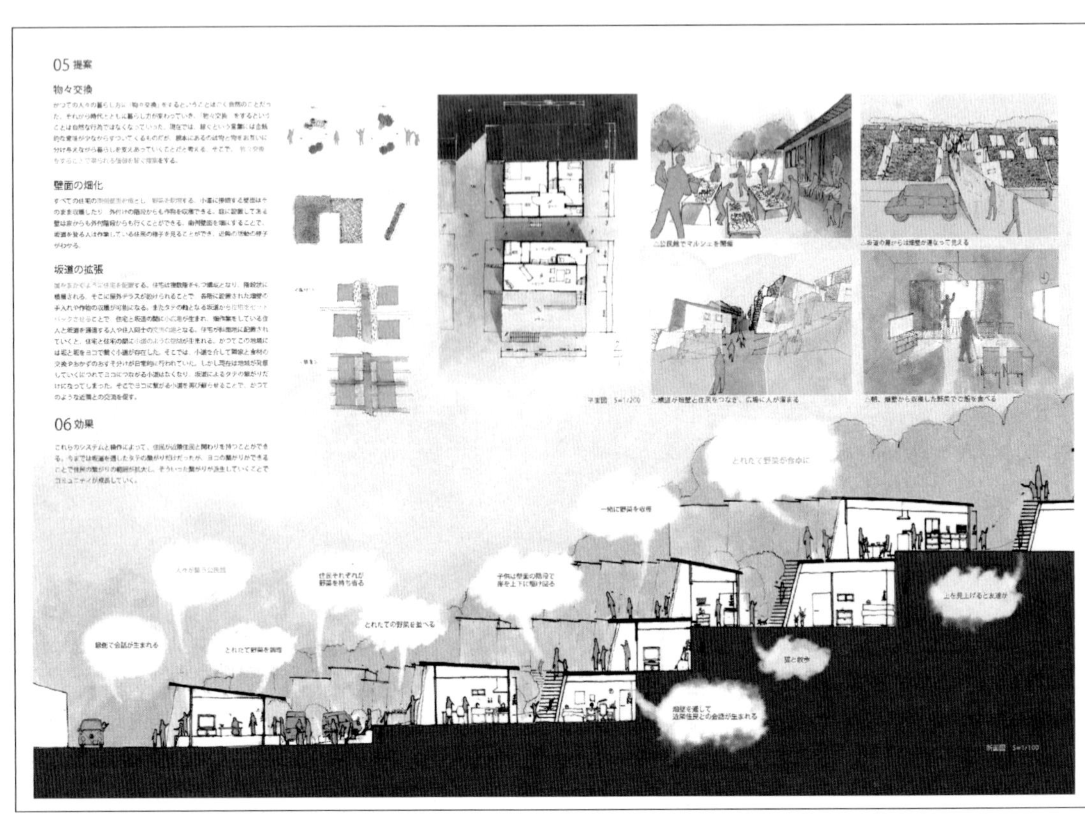

支部入選 **60**

車舎（くるまや）のある家

中村太紀
澤田拓巳
町田陽子
熊本大学

CONCEPT

観光地の駐車場に着目する。「駐車」という行為を「観光客と地域のふれあいの始点」と捉える。駐車スペースを個々の住宅が内に備えることで、住み手は住みながらに人と出逢い、稼ぎを得る。成趣園の豊かな風景とともに人々の語らう姿が垣間見える日常を創出する。
熊本市水前寺成趣園の敷地境界部に貸し駐車場の機能を備えた土間空間、「車舎（くるまや）」をもつ住宅を外周部を囲むように計画する。

支部講評

「駐車」という行為を「観光客と地域のふれあいの始点」として捉え、駐車スペースを個々の住宅敷地に設けることで、住み手は居住しながら観光客に出逢い、駐車料金などによる収入を得ることができるという基本的発想から出発し、対象地「成趣園」の豊かな風景とともに人々の語り合う姿が垣間見える日常を創出するねらいは評価できる。具体的には、熊本市水前寺成趣園の敷地境界部に貸し駐車場の機能を備えた土間区間、「車舎」をもつ住宅で外周部を囲むような配置計画となっており、時間帯によって変化する土間の使い方の提案もユニークである。ただ、「車」と「人」が混在する空間が多く見られるなど、動線計画はやや不十分である。

（趙世晨）

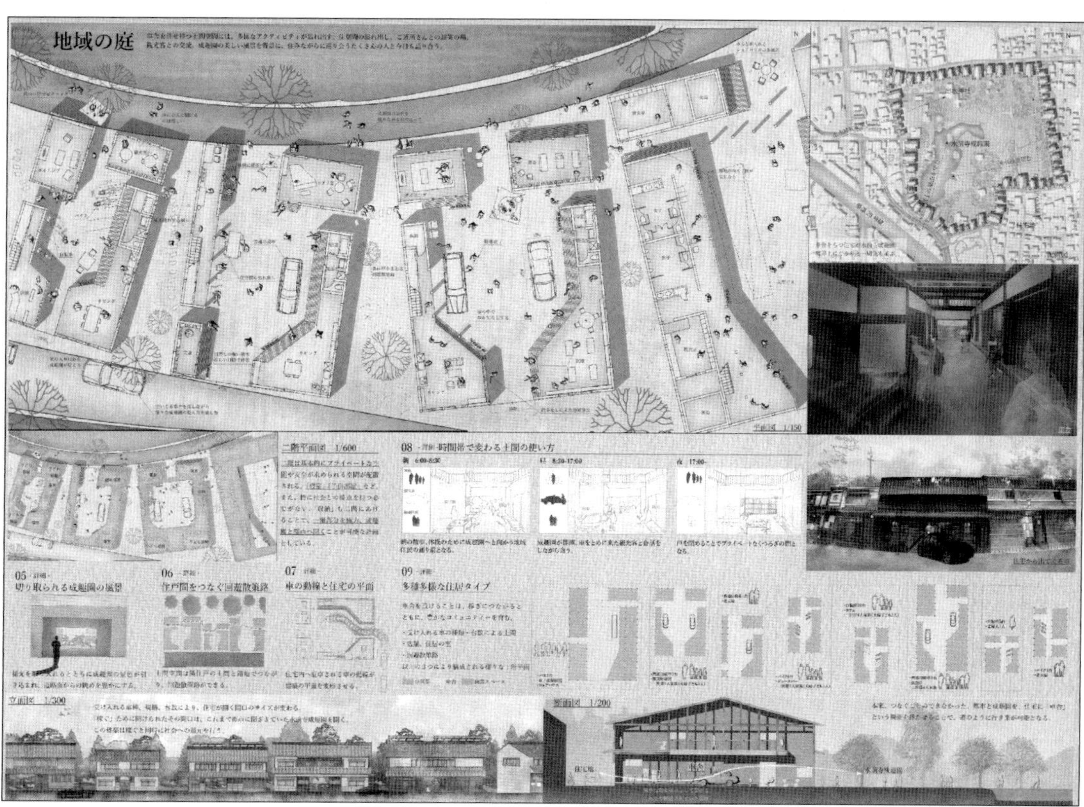

支部入選 61

駐車場に住む

坂田怜郎
甲斐悠加
吉永優成
熊本大学

CONCEPT

一般的な寸法の駐車場における、車が占める以外の3畳もの空間に建築する事によって、中心市街地に住む若い店主のための、車を中心とした住宅を作る。住み手は外出時には駐車場として自宅を貸し出し、稼ぐ事ができる。駐車場と住宅が完全に重なることによって、住み手が働く店の広告としての価値をも生む。また、道が狭い上乃裏に侵入する車を防ぐ門の役割を果たすことで、人々の活動が通りに溢れ出し、賑わいのある空間を守る。

支部講評

都市に歯抜けの様にある駐車場への提言であろう。対象敷地周辺だけではなく日本の都市ならどこにでもある問題と言えよう。運転から解放された車が走る未来、車の形状は今と大きく変わり、動くリビングの様になったら、そんな想像をすればこの提案もあながち夢物語ではないと思わせる。新たな狭小住宅の提案でありデザイン的にもミニマリストには喜ばれそうな建物だ。いっそ未来の車もデザインして見たらもっと楽しい案になったかもしれない。建物の構造的な整合性の無さと断面詳細の稚拙さが気になる。また、歯抜けの様に点在する駐車場への提言であるなら、地主の相続等の問題を考えると解決策にはなっていない。この点を精査できればもっと優れた作品になったと思う。

（小林省三）

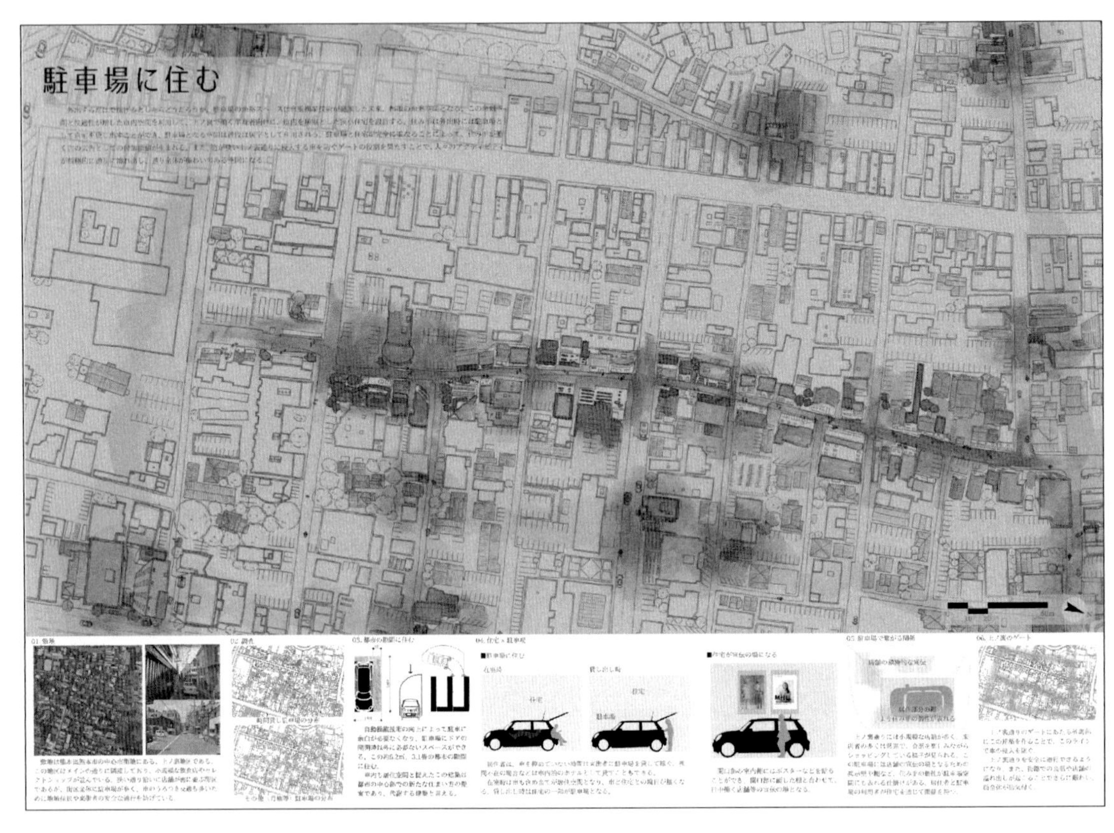

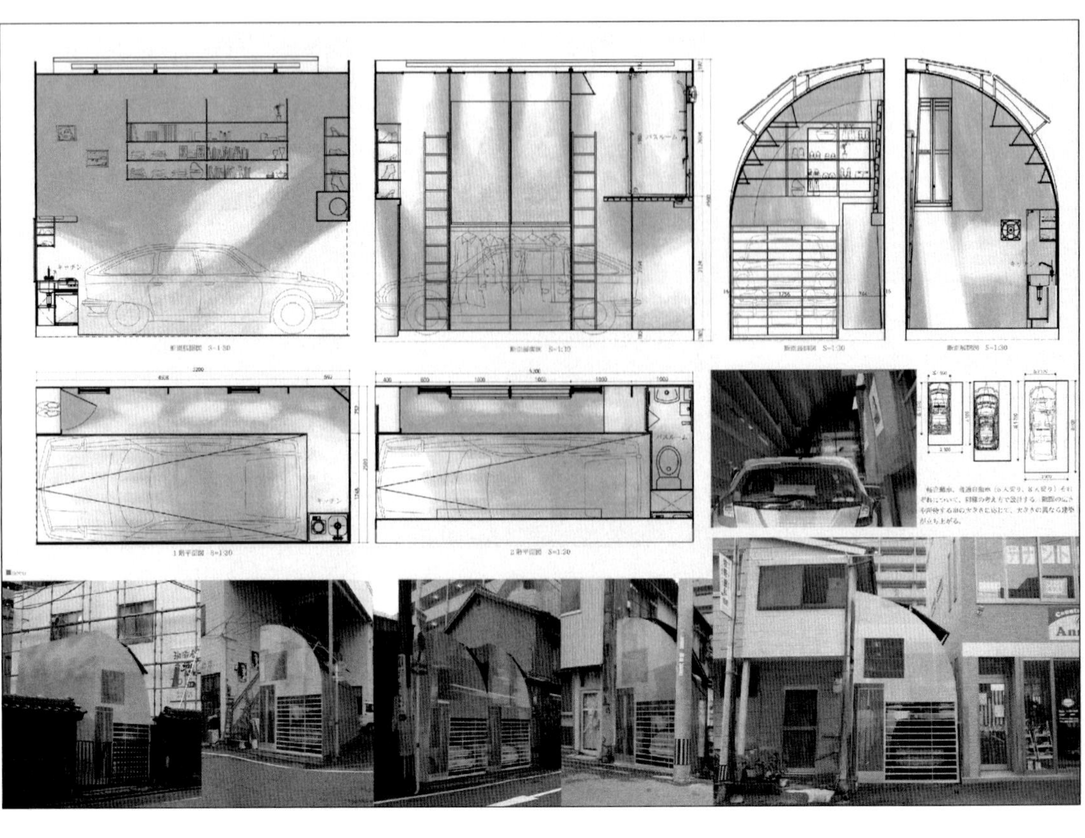

支部入選 62

日本列島改修論2020

—動く 住む 稼ぐ 動く—

武井碩毅
小川航輝
古賀壮一朗
熊本大学

CONCEPT

大規模な高速道路の改修工事と相まって増加する外国人労働者が住宅街に大量に流入することで、住宅の塀はより高く、強固に変化していくことが予想される。そこで我々は、動的な工事現場に外国人労働者の住居を付随させ、地域の稼ぐ場が連鎖的に発生する場を提案する。
移動しながら、その場ごとに多様な「稼ぐ」が展開され、これまでに見たこともない風景を生み出す。

支部講評

高度成長期に整備され、老朽化が著しくなった高速道路の改修工事を担う作業者の住居を、整備する高速道路の下に設ける案である。今後、切迫してくる社会問題をテーマにした切り口がよい。足場ユニット、プライベートチューブという、システム化されたフレームの中に、そこで働き、暮らす人々の息遣いが聞こえてきそうな表現が秀逸であった。造りながら移動していく様は、まさに、生物的な行為が形として立ち現われているかのようである。安全面や衛生上の課題はあるが、稼ぐ場が住まいと分離されていることが多い現状とは真逆であり、「稼ぐ=働く」と住まいが直結しており、メッセージ性の高い案と感じる。

(松野尾仁美)

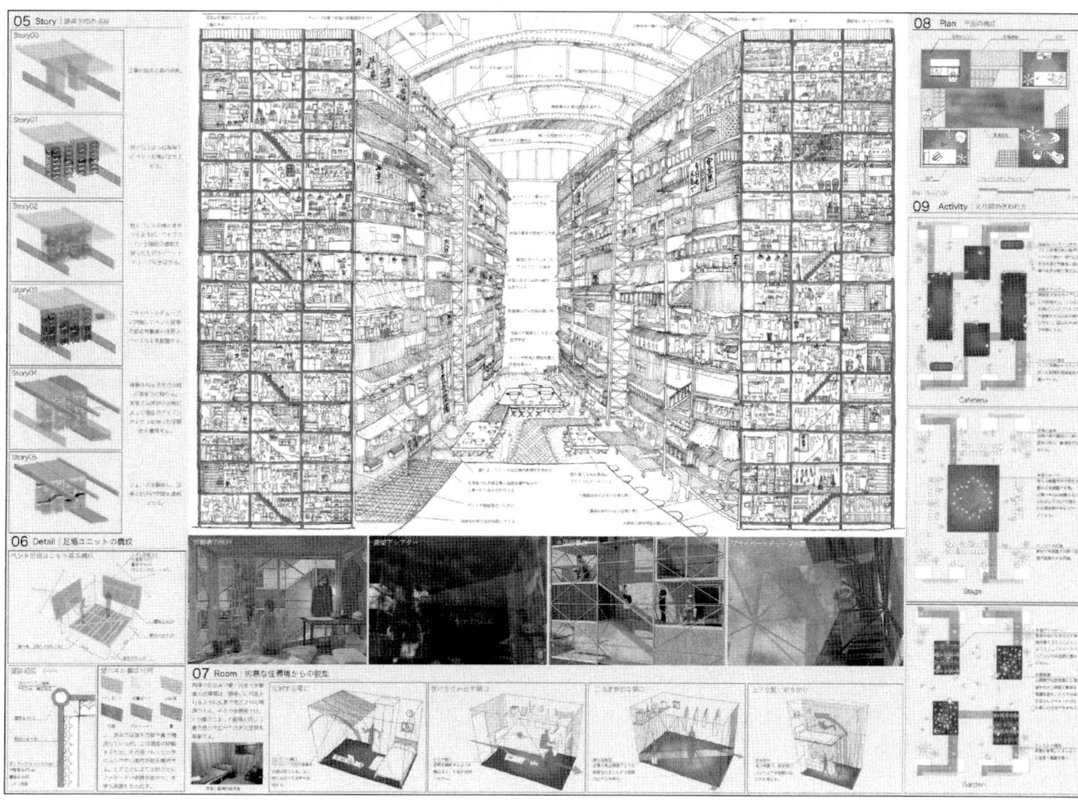

支部入選 63

Japan Parador

ジャパンパラドール

下更屋友美　田邊大地　和田彬代
木下光　中山絵理奈*
塩﨑瞳　山本里奈

関西大学・南海電気鉄道株式会社*

CONCEPT

重要文化財の民家は、家として使われない。宿泊活用も2事例のみ。個人所有は高齢化や経済的問題から維持が困難で、公共所有では保存修理を税金で賄えない。だから、重文民家を後世に残すためにホテルとして稼ごう。文化財の価値を損なわず、水回りを整え、モバイルキッチンを移動させる。井戸とかまどで防災拠点にもなる。地域で支え、旅人が保全する仕組み、200以上の新しいホテルチェーンの誕生である。

支部講評

個人所有の重要文化財に指定されている民家に焦点をあて、「価値ある建築を保存するため、稼ぐ」ことをテーマに、各地に点在する重文民家をホテルチェーン化し、国内外から宿泊者を募る提案である。宿泊機能を主軸において、伝統ある民家の様々活用方法が具体的に提案されており、このような実際に体験をしてみたいと思わせてくれる。各民家の図面が丹念に描かれ、図面の密度も高い。ケーススタディの中村家住宅の平面図の一点通し図も民家の雰囲気と提案を分かりやすく表現しており秀逸である。民家自体をそのまま体験の場し、改造を伴わない移動型キッチンなど付加する機能を宿泊に必要な最小限に留めた点も、重文ならではのアイデアである。

（福田展淳）

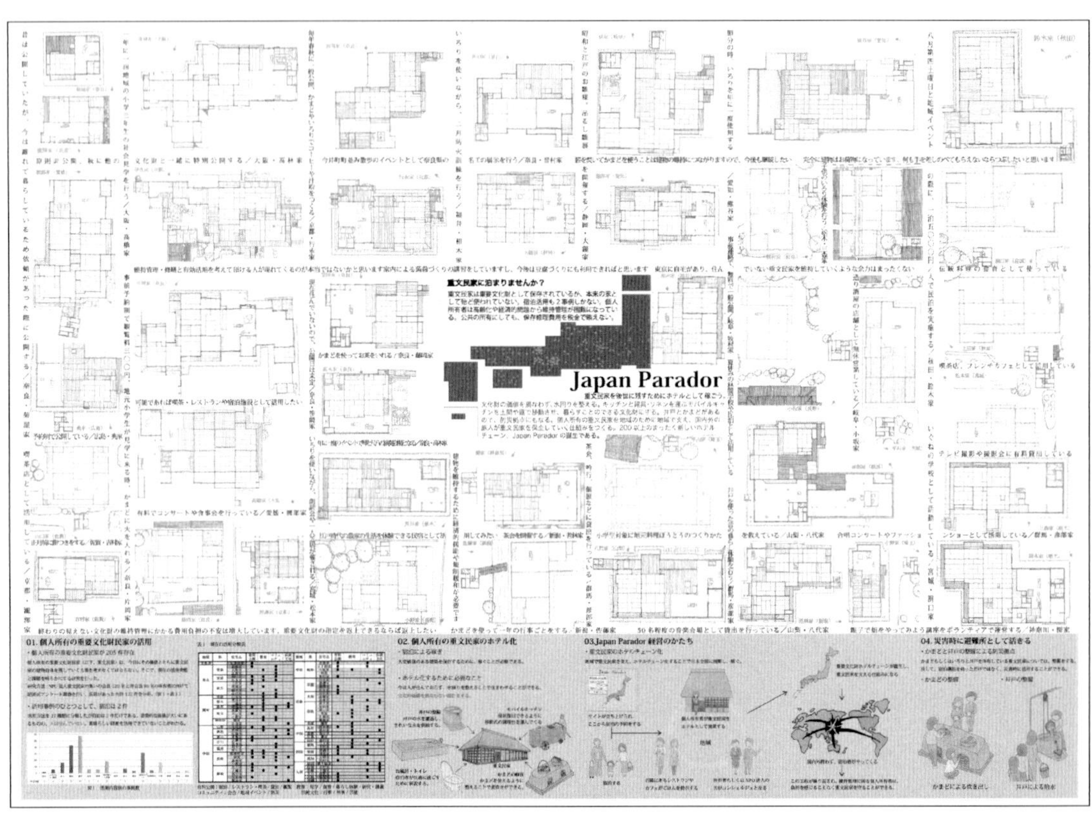

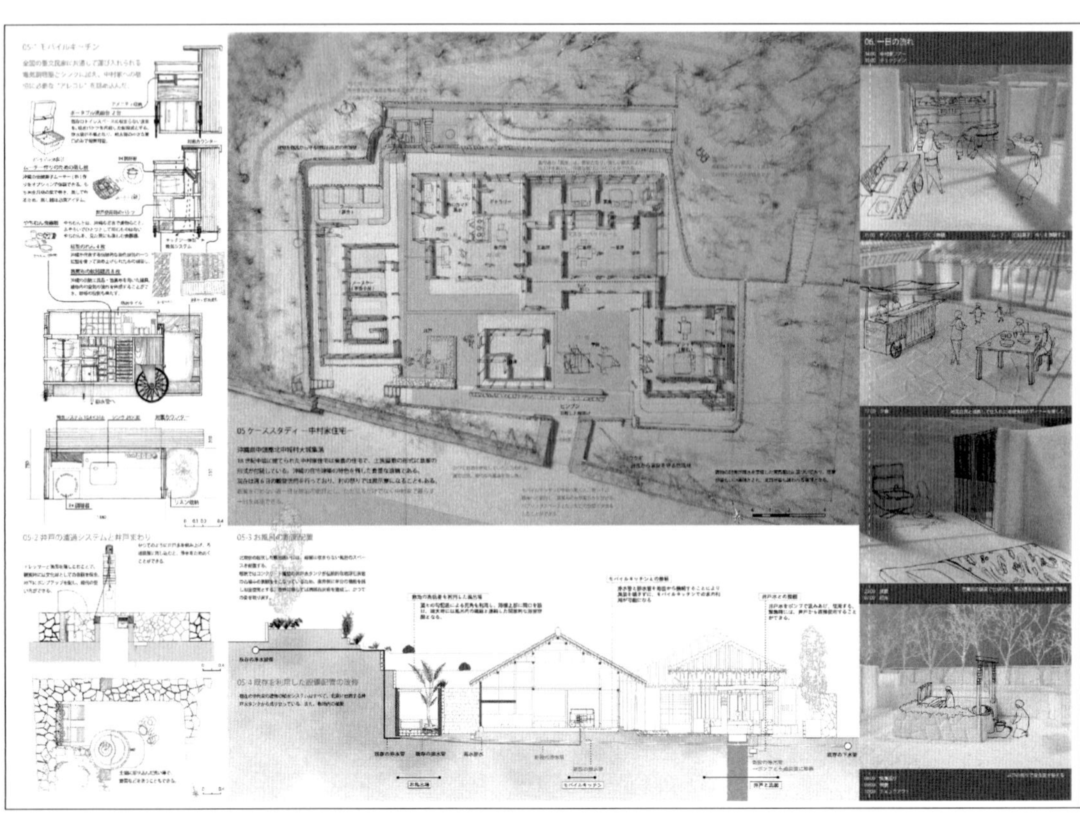

支部入選 64

未来を彩る名尾のマテリアル

林田大晟
小林寿明
佐賀大学

CONCEPT

佐賀県佐賀市の大和町に位置する名尾では、かつて300年前に100軒ほど存在していた和紙工房が工業化に伴い現在1軒のみとなっている。和紙づくりは地域と生活をつなぐ媒介として存在していたが、その面影もなくなりつつある。そこで本提案では、再び和紙づくりを中心にこの地に住む職人と地域をつなぐ。職人の生活に寄り添い、地域の人々と職人とが関わり合いを持つことのできる地域に根付いた建築の提案を行う。

支部講評

地域の特産であった和紙に着目し、激減した和紙職人の住まいと工房を再構成しようと試みている案である。和紙という素材の特徴を整理し、丁寧に建物へフィードバックしている内容に好感がもてる。「稼ぐ」ために、住まいが物づくりの場となることは想定内であるが、その作業内容と建築空間を重ねることに腐心していることが伝わってくる。特に和紙の強度を持たせるための「渋柿」に焦点をあてて、柿の木の存在の重要性を、建築のファサードを彩る存在として表現しており、建築との融合を感じさせる。ただ、提案が展示に留まっており、和紙の消費につなげ、生計として成立させる踏み込んだ内容がほしかった。

（松野尾仁美）

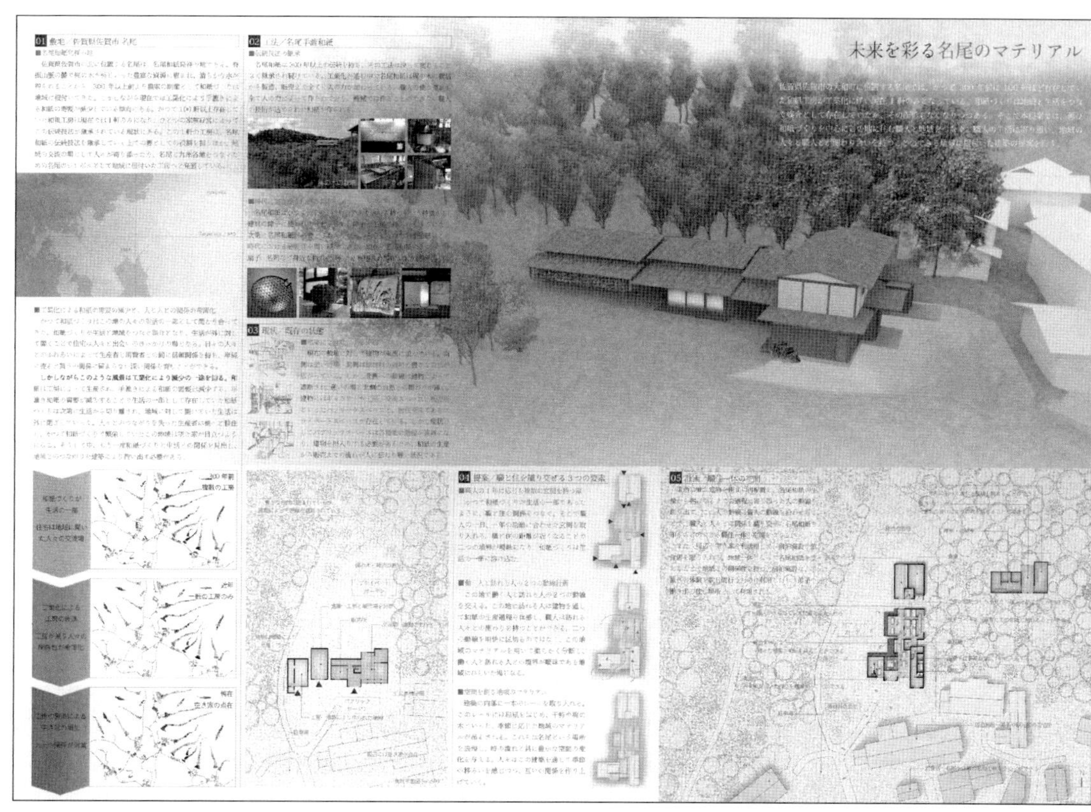

支部入選 **65**

減築という構築

清田幹人
大塚将貴
金井里佳
九州大学

CONCEPT

減築を用いた伝統的建造物の改修を数件同時に段階的に進めるとともに、最終的に小さな賃貸の単位として整備することで改修中から改修後まで継続的に稼ぐことを提案する。

経済活動から切り離された稼げない伝建を単に改修するのではなく、使われ蓄積していくといった視点から減築することで新たな人を巻き込みまわりだすきっかけを与える。

支部講評

“減築”が収益につながるか？ すぐには納得できない。しかし、じっくり提案をみると大変な案である。伝統建築には補助金が付けられている。しかし、十分ではない。すべての建物を改修するには15～20年。そこで、補助金を“減築”に充て、家賃が得られるフリーランスの仕事場を作り、収益をさらなる“減築”に使い、新たな店子を募る。現実性があるかといわれると何とも言えない。しかし、この“減築”は、伝統建築の良さを巧に引き出し、建物の豊かさを増複する“増築”である。丹念に描かれたアクソメをみれば、これなら家賃を払って、仕事場に使う人がいると思わせるデザイン力である。表現力も学生とは思えない力量である。

（福田展淳）

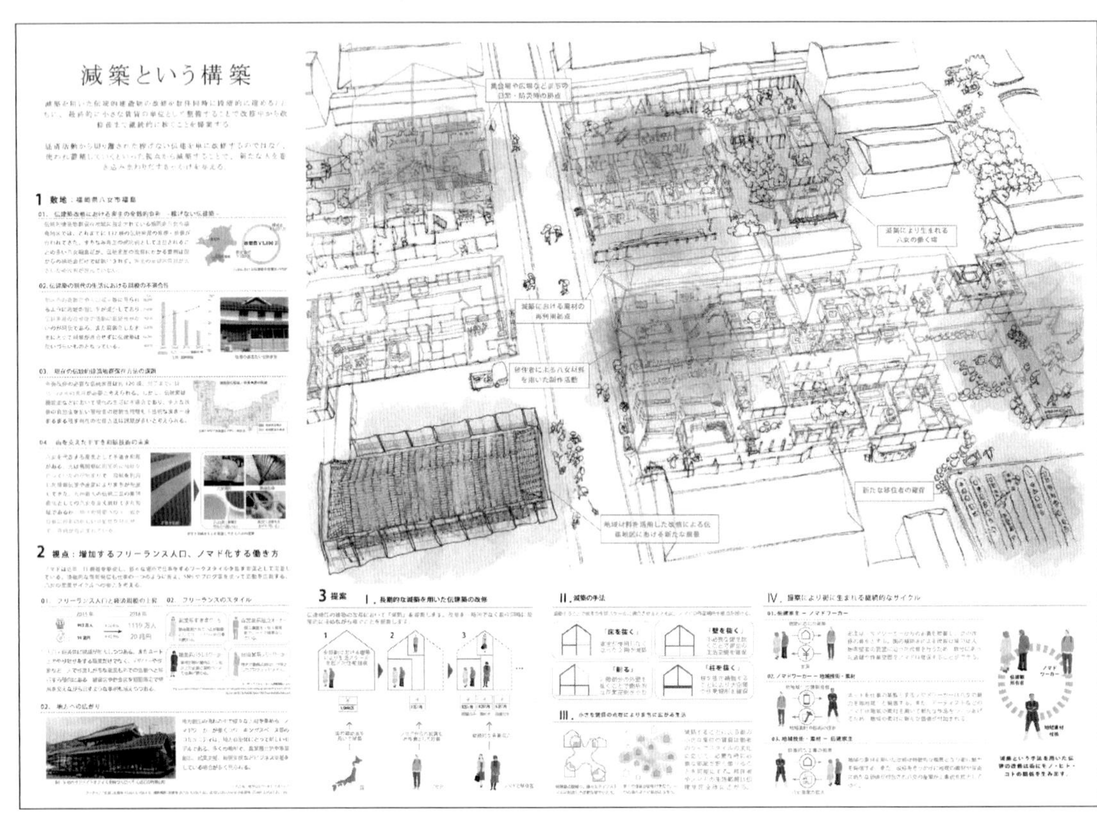

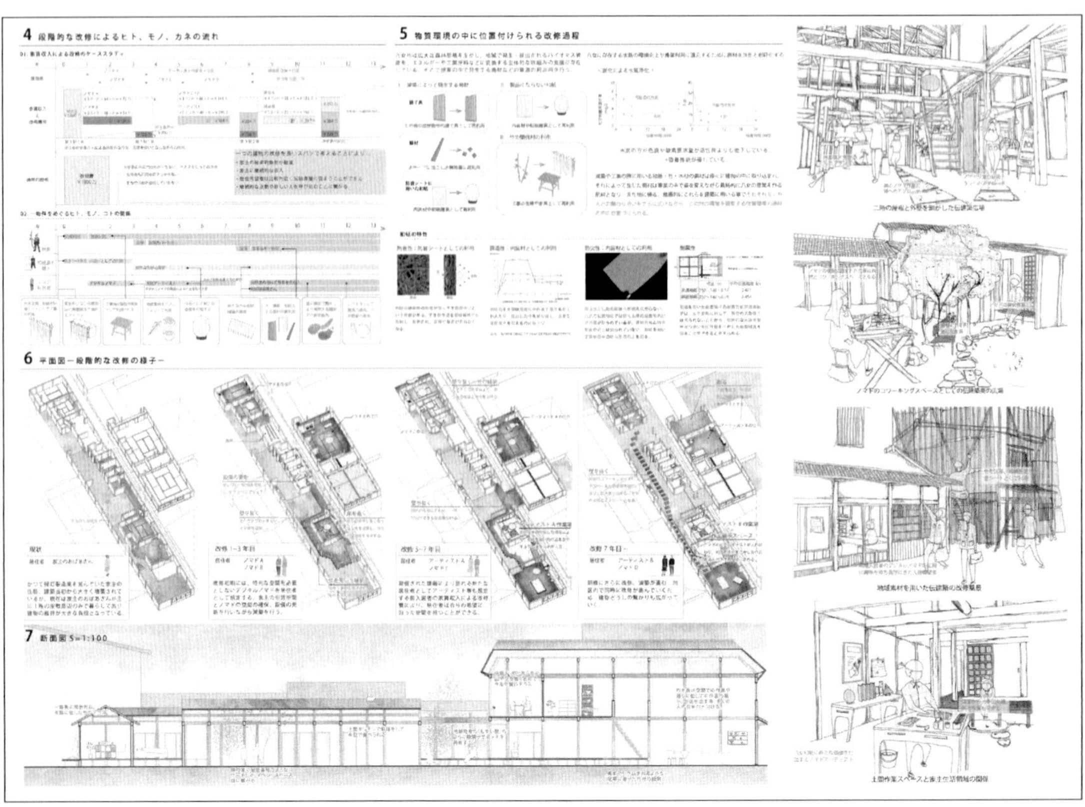

支部入選 **66**

看重る住宅街

～住人が住宅を看る　その住宅が重なり合い まちとなる～

坂本真希　大城翔茂
内田良介　中武大樹
崇城大学

CONCEPT

現在、住宅の価値は耐用年数で決まっている。近年、この状況が問題視され、政府によって改善の指針も打ち出された。
指針によると、将来、住宅の価値が年数ではなく性能で決められるようになるそうだ。
来たるその将来に向け、今、それぞれの住宅の性能を守るために種をまく。その種を、育み続けることが住人の日々の稼ぎとなる。そして、その育てた性能は住宅の価値となり、住宅は大きな資産であり続け、住人に次の稼ぎをもたらす。

支部講評

稼ぐというテーマに対してほとんどの作品は、外部的な職業プログラムを住宅に取り込んだものだったが、この作品のみは、現在社会で一般化されている耐用年数という価値の減少に疑問を呈し、「住宅の使用価値を維持、もしくは向上させることによって稼ぐ」という提案をしている点が評価された。自らの価値を高めることが稼ぐことであるという着眼点は素晴らしい。収支のシミュレーションも具体性があって妥当だ。ただ、既存住宅のところはよくわかるが、新しい住宅の提案は、取り壊し住宅からの材料の供給までの仕組みは理解できるが、建築デザインが特殊解になり過ぎていて惜しまれる。

（鵜飼哲矢）

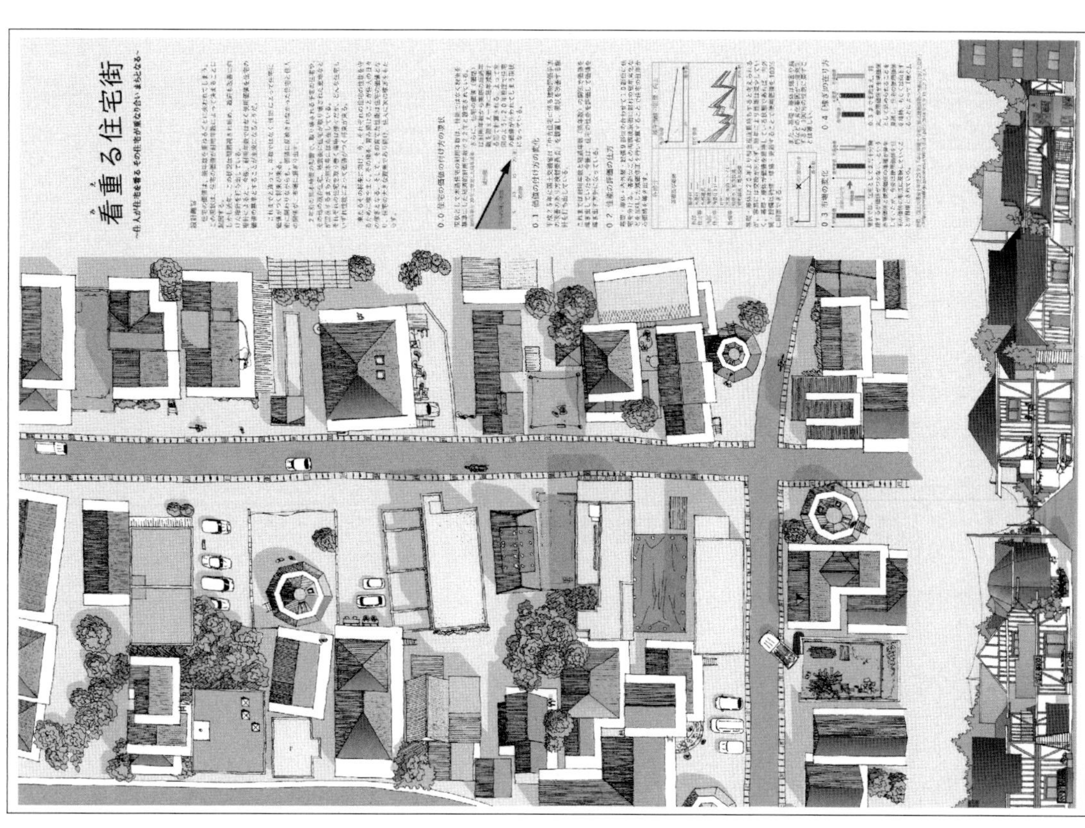

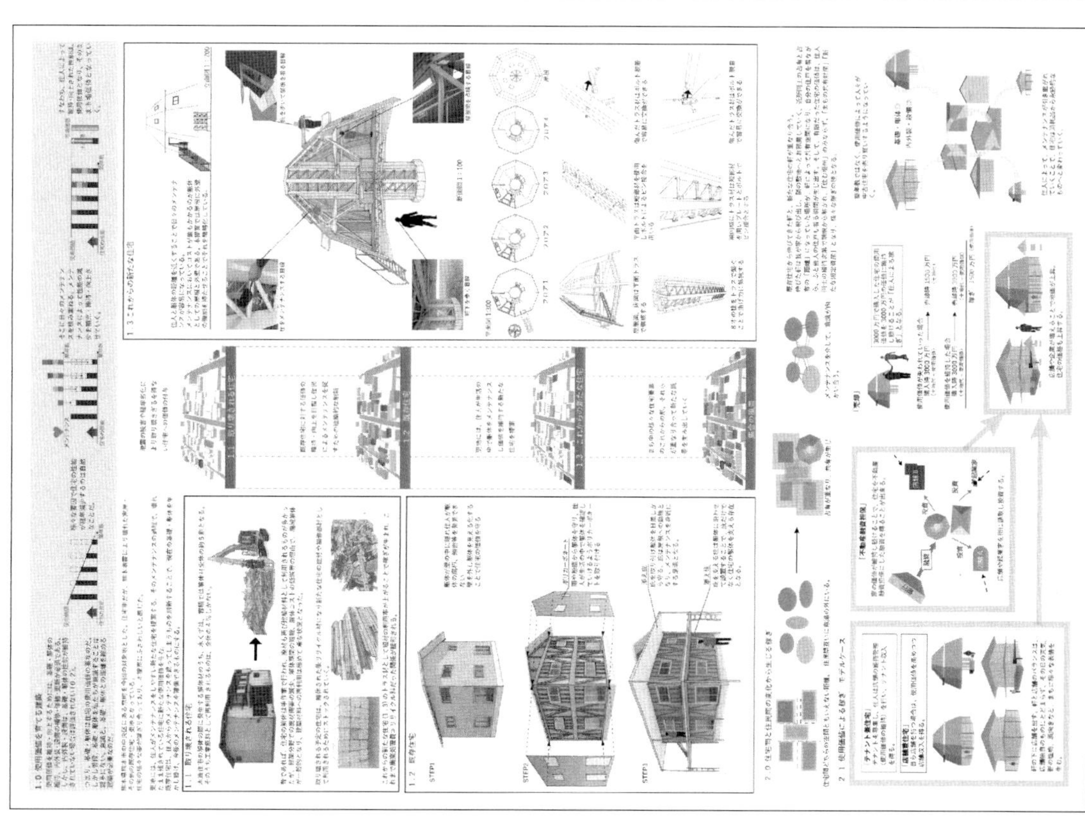

支部入選 68

堀割共生物語

吉村有史
山谷勇太郎
九州大学

CONCEPT

柳川の堀割は町中に張り巡らされており、地域住民の生活には欠かせない存在であった。しかし、生活用水として堀割の水が機能しなくなった現在では堀割と人々の間に距離が生まれてきている。本提案では堀割を新たな生活インフラとして利用する。住宅の裏手を流れる堀割に向けて住宅を開き経済を導入することで、堀を囲んだ新しい生活空間が生まれる。

支部講評

柳川の使われていない掘割を新たなインフラとして利用し、コミュニティーの中心となる「橋」と「店舗付き住宅」を配置する計画である。住宅としても観光資源としても利用価値の高い計画と思える。よく見るとランドリーや食堂、八百屋や学童施設と町の機能は一通り揃い完結している。単純に住んで見たいと思った。住民同士の距離感もちょうどよく、「水落ち」をイベント化しコミュニティー形成の場にするところも好感がもてる。作品としての表現力や説明力は優れているが、店舗付き住宅と掘割との関係性や住宅自体の快適性など、建築的にもう少し魅力ある提案があればなお良かった。

（小林省三）

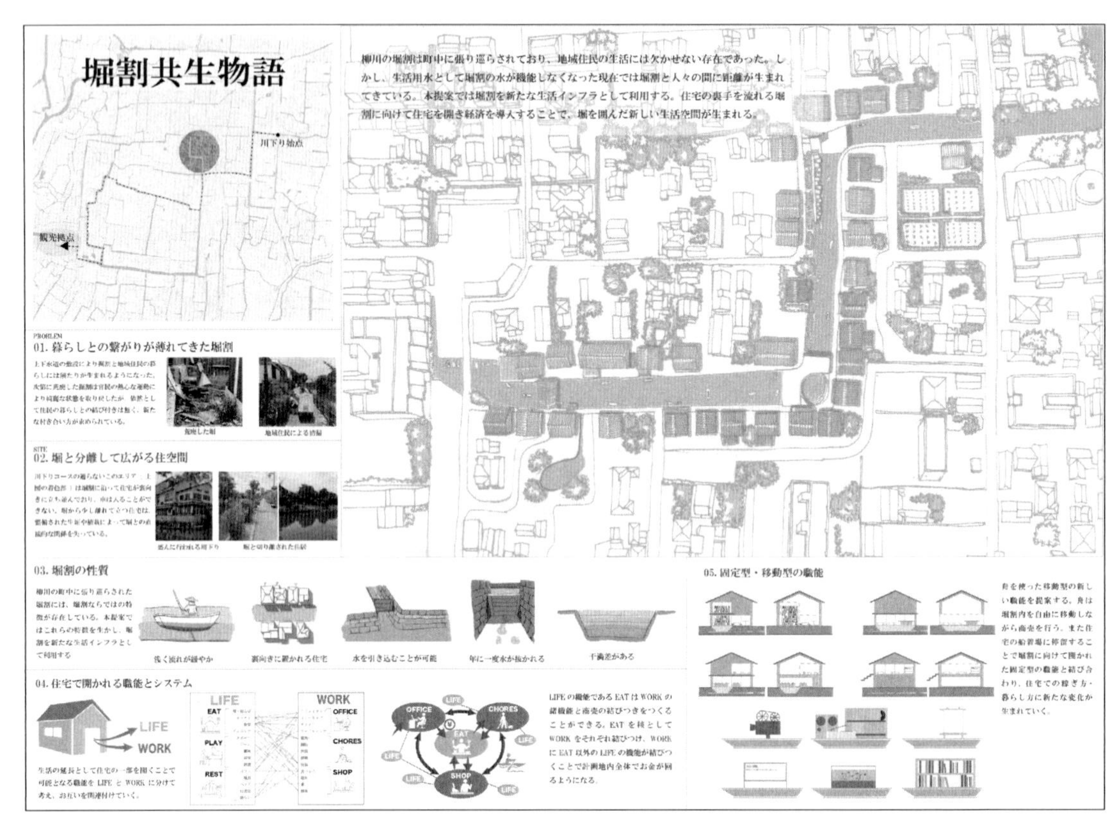

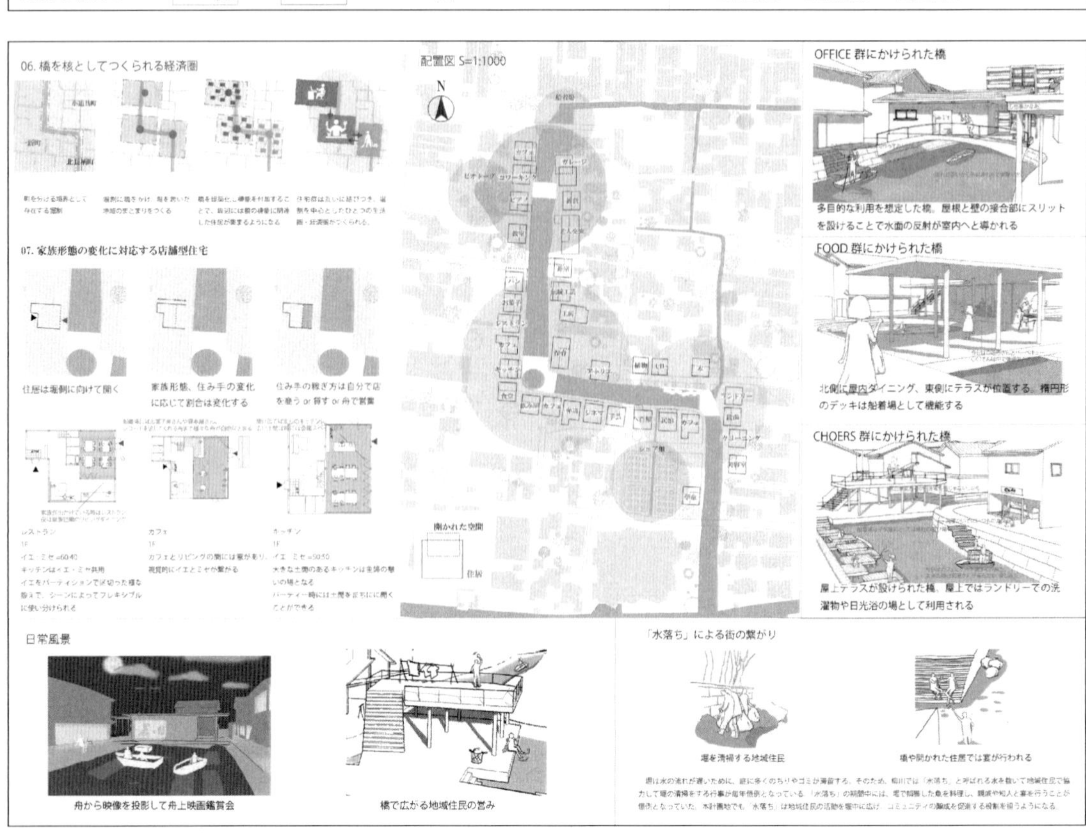

支部入選 70

境界を共有する感覚。

樺浩太
荒巻充貴紘
熊本大学

CONCEPT

この町では、家と家の境界を共有している。面倒かもしれないが、自然なコミュニティが確かに生み出されている。プライバシーの壁で区切られたマンションでは、味わうことのできない住まい方である。各住居に隣接する「稼ぐ空間」の境界を共有することで、隣人だけでなく、さらにその隣人や上下階の住民、さらには地域とのコミュニティに繋がる。これは、境界を共有する稼ぐ空間を持つ集合住宅の提案である。

支部講評

家とは言えない大規模な施設、商業施設そのものである。商業施設であれば、まさに稼ぐ空間である。そこに小さな住居スペースを持ち込んで、何か売りたい物、提供したいサービスがあれば、ここに暫く住んで、商売を営む。具体的にどのように稼ぐか、どのように施設を運営するかはわからないが、丹念に描かれた鳥瞰を眺めると、居住者の生活やどのようなアクティビティがなされるかが、いろいろ想像でき、楽しそうな造形である。歴史的な梁川に建つこのややいびつな曲線の構造は、木造がよい。大規模なアトリウムの屋根も、吹き抜けのガラス壁を支えるトラスも木造であれば、どこか懐かしい、家としても寛げる場になるのでは？

（福田展淳）

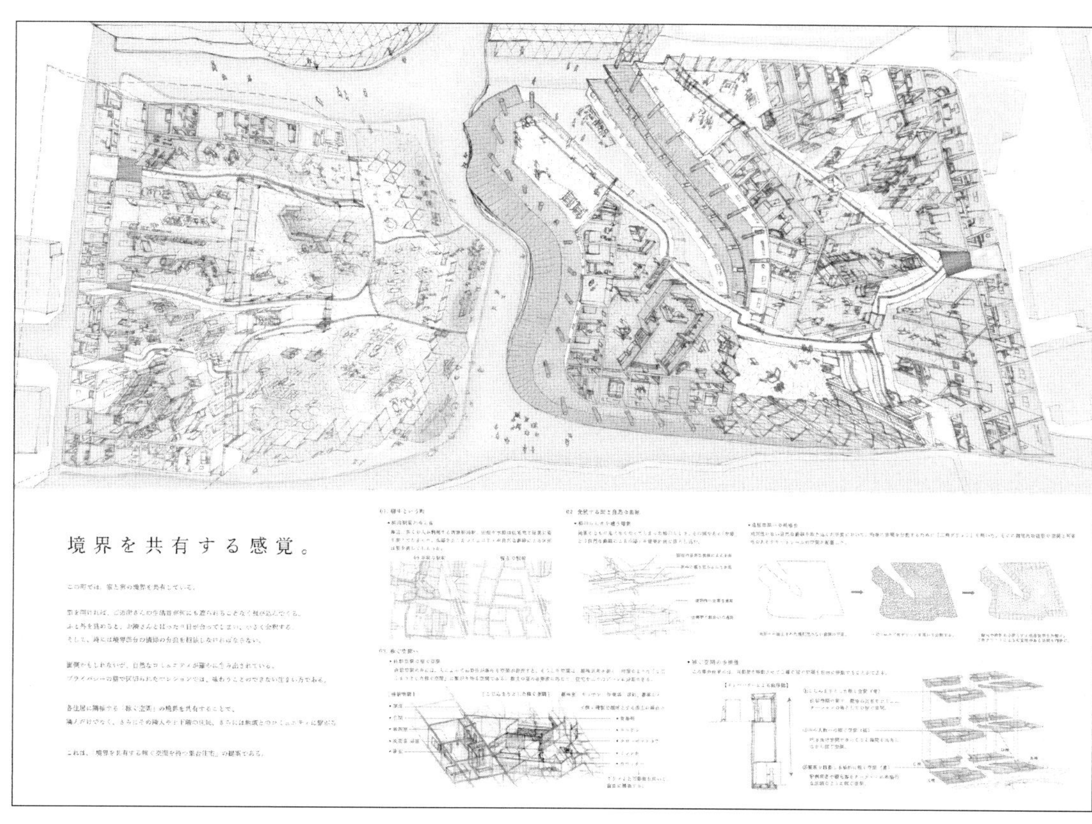

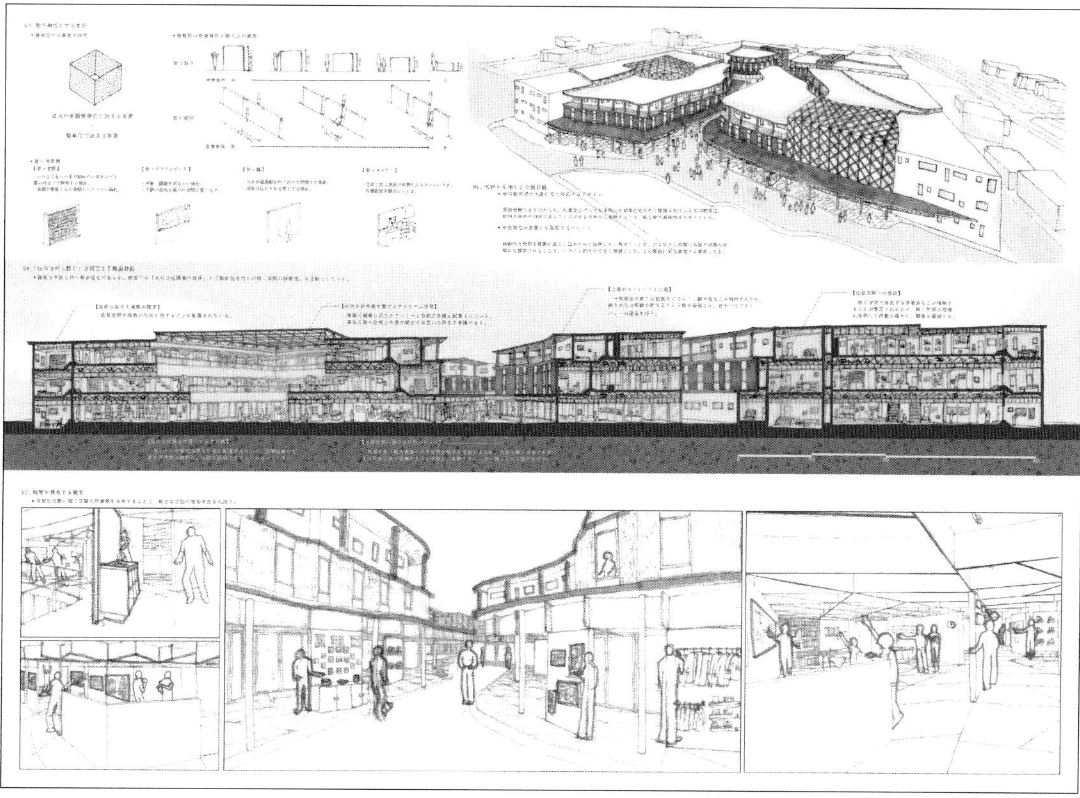

2018年度　支部共通事業　日本建築学会設計競技

応募要項

［課題］住宅に住む、そしてそこで稼ぐ

〈主催〉日本建築学会

〈後援〉日本建築家協会
日本建築士会連合会
日本建築士事務所協会連合会
日本建設業連合会（以上、予定）

〈主旨〉

今、供給されている「1住宅＝1家族」という形式の住宅は、単に家族のプライバシーを守るための住宅である。マンションであろうと戸建て住宅であろうと、隣の住宅に住んでいる人とは無関係に住むことができる。そんな住宅ばかりになってしまった。

住宅は孤立している。それぞれに孤立したそんな住宅が集まってもコミュニティーをつくることは極めて難しい。それが現実である。

その最大の原因が、用途地域制によって住居専用地区が経済圏から切り離されたことだった。住宅は単に消費のための（子供を産んで育てる、あるいは高齢者の介護の）場所でしかなくなってしまったのである。それでいいのだと思い込んでしまった私たち建築家は、そんなプライバシーのための住宅をせっせと設計してきたのである。

そこで、である。住宅が経済活動に参加するにはどうしたらいいのか考えたいと思う。単純に言うと住みながら稼ぐ。もしそうした住宅が集まったら、従来までの住居住宅地区の風景とは劇的に変わると思うのである。その集合の風景と共に考えてください。

（審査委員長　山本　理顕）

〈応募規程〉

A. 課題

住宅に住む、そしてそこで稼ぐ

B. 条件

実在の場所（計画対象）を設定して下さい。現行の法規に適合する必要は無いものとします。

C. 提出物

(1)**応募申込書**：下記より応募申込書をダウンロードのうえ、必要事項を入力したものを印刷して下さい。
http://www.aij.or.jp/jpn/symposium/2018/compe.doc

(2)**計画案**：下記1)～3)をA2サイズ2枚(420×594㎜)に収めてください。模型写真等を自由に組み合わせ、わかりやすく表現してください。
1. 設計主旨（文字サイズは10ポイント以上とし、600字以内の文章にまとめる。）
2. 計画条件・計画対象の現状（図や写真等を用いて良い）
3. 配置図、平面図、断面図、立面図、透視図（縮尺明記のこと）

※用紙サイズは厳守。変形不可、2枚つなぎ合わせることは不可です。裏面には、No.1、No.2と番号を付けてください。仕上げは自由としますが、パネル、ボード類は使用しないでください。写真等を貼り付ける場合は剥落しないように注意してください。模型、ビデオ等は受け付けません。

(3)**作品名・設計主旨**：「(2)計画案」の作品名と設計主旨（図表、写真等は除く）を記載したものをA4判1枚に印刷してください。

(4)**データ**：下記1.～4.をCDまたはDVD1枚に収めてください。
CDまたはDVDには、代表者の氏名と所属を明記してください。
1. 「(1) 応募申込書」のWordファイル
2. 「(2) 計画案」のA3サイズのPDFファイル（画質は350dpiを保持し、容量は100MB以内とする。）
3. 作品名および設計主旨の要約（200字以内）のテキストデータ
4. 顔写真（横4cm×縦3cm以内、顔が写っているものに限る。）

※（4）は審査対象の資料としては使用せず、入選後に刊行される『2018年度日本建築学会設計競技優秀作品集』（技報堂出版）および『建築雑誌』11月号入選作品紹介の原稿として使用いたします。

D. 注意事項

(1)計画案および設計主旨の概要文用紙には、応募者の氏名・所属などがわかるようなものを記入してはいけません。

(2)応募作品は、本人の作品でオリジナルな作品であること。

(3)応募作品は、過去、現在申込み中のものも含めて、他の設計競技等に応募している作品（2重応募）、インターネット、出版物、その他のメディアで発表されたものは応募できません。

(4)応募作品は、全国2次審査が終了するまで、あらゆるメディアでの発表を禁じます。

(5)提出物は、返却致しません。 必要な方は作品の控えと作品データを保管してください。

(6)質疑は受け付けません。

(7)応募要領に違反した場合は受賞を取り消すことがあります。

E. 応募資格

本会個人会員（準会員を含む）、または会員のみで構成するグループとします。なお、同一代表名で複数の応募をすることはできません。

※未入会者、2018年度会費未納者ならびにその該当者が含まれるグループの応募は受け付けない。応募時までに入会および完納すること。

F. 提出方法

(1)C.の提出物（1）～（4）を一括して提出してください。

(2)応募作品は1案ごとに別々に提出してください。

(3)**締切期日**：2018年6月25日（月）必着（17：00まで）

(4)**提出先**：計画対象の所在地を所轄する本会各支部の事務局とします。例えば、関東支部所属の応募者が、東北支部所轄地域内に場所を設定した場合は東北支部へ提出してください。海外に場所を設定した場合は、応募者が所属する支部へ提出してください。

(5)**各支部事務局　所在地一覧**

北海道支部
（北海道）
〒060-0004 札幌市中央区北4条西3丁目1
北海道建設会館6階
TEL.011-219-0702

東北支部
（青森、岩手、宮城、秋田、山形、福島）
〒980-0011 仙台市青葉区上杉1-5-15
日本生命仙台勾当台南ビル4階
TEL.022-265-3404

関東支部
（茨城、栃木、群馬、埼玉、千葉、東京、神奈川、山梨）
〒108-8414 東京都港区芝5-26-20
TEL.03-3456-2050

東海支部
（静岡、岐阜、愛知、三重）
〒460-0008 名古屋市中区栄2-10-19
名古屋商工会議所ビル9階
TEL.052-201-3088

北陸支部
（新潟、富山、石川、福井、長野）
〒920-0863 金沢市玉川町15-1
パークサイドビル3階
TEL.076-220-5566

近畿支部
（滋賀、京都、大阪、兵庫、奈良、和歌山）
〒550-0004 大阪市西区靭本町1-8-4
大阪科学技術センター内
TEL.06-6443-0538

中国支部
（鳥取、島根、岡山、広島、山口）
〒730-0052 広島市中区千田町3-7-47
広島県情報プラザ5階 広島県建築士会内
TEL.082-243-6605

四国支部
（徳島、香川、愛媛、高知）
〒782-0003 高知県香美市土佐山田町宮ノ口185
高知工科大学地域連携棟201
TEL.0887-53-4858

九州支部
（福岡、佐賀、長崎、熊本、宮崎、大分、鹿児島、沖縄）
〒810-0001 福岡市中央区天神4-7-11
クレアビル5階
TEL.092-406-2416

G. 審査方法

(1)支部審査

各支部に集まった応募作品を支部ごとに審査し、応募数が15点以下は応募数の1/3程度、16～20点は5点を支部入選とします。また、応募数が20点を超える分は、5点の支部入選作品に支部審査委員の判断により、応募数5点ごと（端数は切り上げ）に対し1点を加えた点数を上限として支部入選とします。

(2)全国審査

支部入選作品をさらに本部に集め全国審査を行い、H項の全国入選作品を選出します。

1. 全国１次審査会（非公開）
全国２次審査進出作品のノミネートとタジマ奨励賞の決定。

2. 全国２次審査会（公開）
ノミネート者によるプレゼンテーションを実施し、その後に最終審査を行い、各賞と佳作を決定します。なお、代理によるプレゼンテーションは認めません（タジマ奨励賞のプレゼンテーションはありません）。
日時：2018年9月4日（火）
10:00〜15:00
場所：東北大学川内北キャンパス
（大会会場：仙台市青葉区川内41）

※大会参加費、旅費等の費用負担は一切いたしません。

プログラム（予定）
10：00〜開場
10：15〜12：00
ノミネート者によるプレゼンテーション（発表時間８分間／PCプロジェクターは主催者側で用意します。パソコン等は各自で用意してください。）
13：00〜15：00　公開審査
16：15〜17：00　表彰式
＊プログラムは、大会スケジュールにより時間が多少前後する場合があります。

(3) 審査員（敬称略順不同）

〈全国審査員〉

審査委員長

山本　理顕（建築家・名古屋造形大学学長）

審　査　員

佐藤　光彦（日本大学教授）
鈴木　　晋（アルキテク設計室代表）
高口　洋人（早稲田大学教授）
鶴崎　直樹（九州大学准教授）
平山　洋介（神戸大学教授）
松行　輝昌（大阪大学特任准教授）

〈支部審査員〉

●北海道支部

赤坂真一郎（アカサカシンイチロウアトリエ代表取締役）
小西　彦仁（ヒコ・ニシ・アーキテクチュア代表取締役）
久野　浩志（久野浩志建築設計事務所代表）
山田　　良（札幌市立大学准教授）
山之内裕一（山之内建築研究所代表）

●東北支部

坂口　大洋（仙台高等専門学校教授）
崎山　俊雄（東北学院大学准教授）
増田　　聡（東北大学教授）
増田　豊文（東北文化学園大学教授）
本江　正茂（東北大学准教授）

●関東支部

小池　啓介（Thirdparty代表）
谷口　直英（佐藤総合計画東京第２オフィス設計室長）
田村　裕希（松岡聡田村裕希代表）
浜田　晶子（熊谷組設計本部設計第２部設計第１グループ副部長）
渡邊　大志（早稲田大学准教授）

●東海支部

伊藤　俊一（名古屋市住宅都市局建築指導部建築審査課長）
伊藤　孝紀（名古屋工業大学准教授）
丹羽　哲矢（clublab.代表）
橋本　雅好（椙山女学園大学准教授）
諸江　一紀（諸江一紀建築設計事務所代表）

●北陸支部

熊澤　栄二（石川工業高等専門学校教授）
高嶋　　猛（元福井大学講師）
羽藤　広輔（信州大学准教授）
棒田　　恵（新潟大学助教）
光田　　章（富山県土木部営繕課長）
宮下　智裕（金沢工業大学准教授）

●近畿支部

梅田　善愛（竹中工務店大阪本店設計部設計第７部長）
楠　　敦士（安井建築設計事務所大阪事務所設計部長）
鳥居　久人（昭和設計執行役員）
前田　茂樹（大阪工業大学准教授）
松原　茂樹（大阪大学准教授）

●中国支部

岩本　弘光（岡山県立大学教授）
内田　文雄（山口大学教授）
岡河　　貢（広島大学准教授）
小川　晋一（近畿大学教授）
村上　　徹（広島工業大学教授）

●四国支部

佐藤　昌平（佐藤昌平建築研究所主宰）
徳弘　忠純（徳弘・松澤建築事務所主宰）
中川　俊博（中川建築デザイン室代表取締役）
松浦　　洋（松浦設計代表取締役）

●九州支部

鵜飼　哲矢（九州大学准教授）
趙　　世晨（九州大学教授）
小林　省三（大隅家守舎取締役）
福田　展淳（北九州市立大学教授）
松野尾仁美（九州産業大学准教授）

H. 賞および発表

(1) 賞

1. 支部入選者：支部長より賞状および賞牌を贈ります（ただし、全国入選者・タジマ奨励賞は除く）。

2. 全国入選者：次のとおりとします（合計12点以内）。

●最優秀賞：2点以内
賞状・賞牌・賞金（計100万円）
●優 秀 賞：数点
賞状・賞牌・賞金（各10万円）
●佳　　作：数点
賞状・賞牌・賞金（各５万円）

3. タジマ奨励賞：10点以内
賞状・賞牌・賞金（各10万円）
（タジマ奨励賞は、タジマ建築教育振興基金により、支部入選作品の中から、準会員の個人またはグループを対象に授与します。）

(2) 入選の発表

1. 入選の発表
・支部審査の結果：各支部より応募者に通知（8/6以降予定）
・全国審査の結果：支部入選者には、全国１次審査結果を８月上旬に通知
・全国入選作品・審査講評：『建築雑誌』2018年11月号誌上発表
・全国入選作品展示：大会会場にて展示

2. 支部入選者賞の贈呈：各支部による。
全国入選者表彰式：９月４日（火）
東北大学（大会会場）

I. 著作権

入選作品の著作権は、入選者に帰属します。ただし、建築学会及び建築学会が委託したものが、この事業の主旨に則して入選作品を会誌またはホームページへの掲載、紙媒体出版物（オンデマンド出版を含む）及び電子出版物（インターネット等を利用し公衆に送信することを含む）、展示などでの公表等に用いる場合、入選者は無償で作品データ等の利用を認めることとします。

J. 問合せ（本部・支部事務局）

日本建築学会　各支部事務局
設計競技担当（F（5）参照）
日本建築学会　本部事務局　設計競技担当
〒108-8414 東京都港区芝5-26-20
TEL.03-3456-2056

●優秀作品集について

全国入選・支部入選作品は『日本建築学会設計競技優秀作品集』（技報堂出版）に収録し刊行されます。過去の作品集も、設計の参考としてご活用ください。

＜過去５年の課題＞

・2017年度「地域の素材から立ち現れる建築」
・2016年度「残余空間に発見する建築」
・2015年度「もう一つのまち・もう一つの建築」
・2014年度「建築のいのち」
・2013年度「新しい建築は境界を乗り越えようとするところに現象する」

＜詳細・販売＞

技報堂出版　http://gihodobooks.jp/

2018年度設計競技
入選者・応募数一覧

■全国入選者一覧

賞	会員	代表	制作者	所属	支部
最優秀賞 タジマ奨励賞	準会員	○	駒田　浩基	愛知工業大学	東海
	〃		岩﨑秋太郎	愛知工業大学	
	〃		﨑原　利公	愛知工業大学	
	〃		杉本　秀斗	愛知工業大学	
優秀賞	正会員	○	東條　一智	千葉大学	関東
	〃		大谷　拓嗣	千葉大学	
	〃		木下慧次郎	千葉大学	
	〃		栗田　陽介	千葉大学	
優秀賞 タジマ奨励賞	準会員	○	松本　樹	愛知工業大学	関東
	〃		久保井愛実	愛知工業大学	
	〃		平光　純子	愛知工業大学	
	〃		横山　愛理	愛知工業大学	
優秀賞	正会員	○	堀　裕貴	関西大学	近畿
	〃		冀　晶　晶	関西大学	
	〃		新開　夏織	関西大学	
	〃		浜田　千種	関西大学	
優秀賞	正会員	○	髙川　直人	九州大学	九州
	〃		鶴田　敬祐	九州大学	
	〃		樋口　豪	九州大学	
	〃		水野　敬之	九州大学	
佳作	正会員	○	宮岡喜和子	東京電機大学	関東
	〃		岩波　宏佳	東京電機大学	
	〃		鈴木ひかり	東京電機大学	
	〃		田邉　伶夢	東京電機大学	
	〃		藤原　卓巳	東京電機大学	
佳作	正会員	○	田口　愛	愛知工業大学	関東
	〃		木村　優介	愛知工業大学	
	〃		宮澤　優夫	愛知工業大学	
佳作 タジマ奨励賞	準会員	○	中家　優	愛知工業大学	北陸
	〃		打田彩季枝	愛知工業大学	
	〃		七ツ村　希	愛知工業大学	
	〃		奈良　結衣	愛知工業大学	
佳作	準会員	○	藤田宏太郎	大阪工業大学	近畿
	〃		青木　雅子	大阪工業大学	
	〃		川島　裕弘	大阪工業大学	
	〃		国本　晃裕	大阪工業大学	
	〃		福西　直貴	大阪工業大学	
	〃		水上　智好	大阪工業大学	
	正会員		山本　博史	大阪工業大学	
佳作	正会員	○	朝永　詩織	大阪工業大学	近畿
	準会員		石野　隼丸	大阪工業大学	
	〃		栢木　俊樹	大阪工業大学	
	〃		川合　俊樹	大阪工業大学	
	〃		橋本　遼馬	大阪工業大学	
	〃		福田　翔万	大阪工業大学	
	〃		福本　純也	大阪工業大学	
佳作	正会員	○	浅井　漱太	愛知工業大学	近畿
	〃		伊藤　啓人	愛知工業大学	
	準会員		川瀬　清賀	愛知工業大学	
	正会員		見野　綾子	愛知工業大学	
佳作 タジマ奨励賞	準会員	○	中村　勇太	愛知工業大学	九州
	〃		白木　美優	愛知工業大学	
	〃		鈴木　里菜	愛知工業大学	
	〃		中城裕太郎	愛知工業大学	

■タジマ奨励賞入選者一覧

賞	会員	代表	制作者	所属	支部
タジマ奨励賞	準会員	○	吉田　鷹介	東北工業大学	東北
	〃		佐藤　佑樹	東北工業大学	
	〃		瀬戸研太郎	東北工業大学	
	〃		七尾　哲平	東北工業大学	
タジマ奨励賞	準会員	○	大方利希也	明治大学	関東
タジマ奨励賞	準会員	○	岩城　絢央	日本女子大学	関東
	〃		小林　春香	日本女子大学	
タジマ奨励賞	準会員	○	工藤　浩平	東京都市大学	関東
タジマ奨励賞	準会員	○	渡邉健太郎	日本大学	北陸
	〃		小山　佳織	日本大学	
タジマ奨励賞	準会員	○	松村　貴輝	熊本大学	九州

■支部別応募数、支部選数、全国選数

支部	応募数	支部入選	全国入選	タジマ奨励賞
北海道	10	3		
東北	14	5		1
関東	62	14	優秀賞2 佳作2	4
東海	28	7	最優秀賞1	1
北陸	13	4	佳作1	2
近畿	46	11	優秀賞1 佳作3	
中国	27	7		
四国	10	3		
九州	72	16	優秀賞1 佳作1	2
合計	282	70	12	10

日本建築学会設計競技

事業概要・沿革

明治22年(1889年)、帝室博物館を通じての依頼で「宮城正門やぐら台上銅器の意匠」を募集したのが、学会最初の設計競技である。

はじめて学会が主催で催したものは、明治39年(1906年)の「日露戦役記念建築物意匠案懸賞募集」である。

その後しばらく外部からのはたらきかけによるものが催された。

昭和4年(1929年)から建築展覧会(第3回)の第2部門として設計競技を設け、若い会員の登竜門とし、昭和18年(1943年)を最後に戦局悪化で中止となるまで毎年催された。これが現在の前身となる。

戦後になって支部が全国的に設けられ、昭和26年(1951年)に関東支部が催した若い会員向けの設計競技に全国から多数応募があったことがきっかけで、昭和27年度(1952年)から本部と支部主催の事業として、会員の設計技能練磨を目的とした設計競技が毎年恒例で催されている。

この設計競技は、第一線で活躍されている建築家が多数入選しており、建築家を目指す若い会員の登竜門として高い評価を得ている。

日本建築学会設計競技/1952年—2017年

課題と入選者一覧

順位	氏名	所属
●1952 防火建築帯に建つ店舗付共同住宅		
1等	伊藤　清	成和建設名古屋支店
2等	工藤隆昭	竹中工務店九州支店
3等	大木康次	郵政省建築部
	広瀬一良	中建築設計事務所
	広谷嘉秋	〃
	梶田　丈	〃
	飯岡重雄	清水建設北陸支店
	三谷昭男	京都府建築部
●1953 公民館		
1等	宮入　保	早稲田大学
2等	柳　真也	早稲田大学
	中田清兵衛	早稲田大学
	桝本　賢	〃
	伊橋戌義	〃
3等	鈴木喜久雄	武蔵工業大学
	山田　篤	愛知県建築部
	船橋　巌	大林組
	西尾武史	〃
●1954 中学校		
1等	小谷喬之助	日本大学
	高橋義明	〃
	右田　宏	〃
2等(1席)	長倉康彦	東京大学
	船越　徹	〃
	太田利彦	〃
	守屋秀夫	〃
	鈴木成文	〃
	筧　和夫	〃
	加藤　勉	〃
(2席)	伊藤幸一	清水建設大阪支店
	稲葉歳明	〃
	木村康彦	〃
	木下晴夫	〃
	讃岐捷一郎	〃
	福井弘明	〃
	宮武保義	〃
	森　正信	〃
	力武利夫	〃
	若野暢三	〃
3等(1席)	相田祐弘	坂倉建築事務所
	桝本　賢	日銀建築部
(2席)	森下祐良	大林組本店
(3席)	三宅隆幸	伊藤建築事務所
	山本晴生	横河工務所
	松原成元	横浜市役所営繕課
●1955 小都市に建つ小病院		
1等	山本俊介	清水建設本社
	高橋精一	〃
	高野重文	〃
	寺本俊彦	〃
	間宮昭朗	〃
2等(1席)	浅香久春	建設省営繕局
	柳沢　保	〃
	小林　彰	〃
	杉浦　進	〃
	高野　隆	〃
	大久保欽之助	〃
	甲木康男	〃
	寺畑秀夫	〃
	中村欽哉	〃
(2席)	野中　卓	野中建築事務所
3等(1席)	桂　久男	東北大学
	坂田　泉	〃
	吉目木幸	〃
	武田　晋	〃
	松本啓俊	〃
	川股重也	〃
	星　達雄	東北大学
(2席)	宇野　茂	鉄道会館技術部
(3席)	稲葉歳明	清水建設大阪支店
	宮武保義	〃
	木下晴雄	〃
	讃岐捷一郎	〃
	福井弘明	〃
	森　正信	〃
●1956 集団住宅の配置計画と共同施設		
入選	磯崎　新	東京大学
	奥平耕造	前川國男建築設計事務所
	川上秀光	東京大学
	冷牟田純二	横浜市役所建築局
	小原　誠	電電公社建築局
	太田隆信	早稲田大学
	藤井博巳	〃
	吉川　浩	〃
	渡辺　満	〃
	岡田新一	東京大学
	土肥博至	〃
	前田尚美	〃
	鎌田恭男	大阪市立大学
	斎藤和夫	〃
	寺内　信	京都工芸繊維大学
●1957 市民体育館		
1等	織田愈史	日建設計工房名古屋事務所
	根津耕一郎	〃
	小野ゆみ子	〃
2等	三橋千悟	渡辺西郷設計事務所
	宮入　保	佐藤武夫設計事務所
	岩井涓一	梓建築事務所
	岡部幸蔵	日建設計名古屋事務所
	鋤納忠治	〃
	高橋　威	〃
3等	磯山　元	松田平田設計事務所
	青木安治	〃
	五十住明	〃
	太田昭三	清水建設九州支店
	大場昌弘	〃
	高田　威	大成建設大阪支店
	深谷浩一	〃
	平田泰次	〃
	美野吉昭	〃
●1958 市民図書館		
1等	佐藤　仁	国会図書館建築部
	栗原嘉一郎	東京大学
2等(1席)	入部敏幸	電電公社建築局
	小原　誠	〃
(2席)	小坂隆次	大阪市建築局
	佐川嘉弘	〃
3等(1席)	溝端利美	鴻池組名古屋支店
(2席)	小玉武司	建設省営繕局
(3席)	青山謙一	潮建築事務所
	山岸文男	〃
	小林美夫	日本大学
	下妻　力	佐藤建築事務所
●1959 高原に建つユース・ホステル		
1等	内藤徹男	大阪市立大学
	多胡　進	〃
	進藤汎海	〃
	富田寛志	奥村組
2等(1席)	保坂陽一郎	芦原建築設計事務所
(2席)	沢田隆夫	芦原建築設計事務所

順位	氏　名	所　　属
3等（1席）	太田隆信	坂倉建築事務所
（2席）	酒井蔚聿	名古屋工業大学
（3席）	内藤徹男	大阪市立大学
	多胡　進	〃
	進藤汎海	〃
	富田寛志	奥村組

●1960　ドライブインレストラン

順位	氏　名	所　　属
1等	内藤徹男	山下寿郎設計事務所
	斎藤英彦	〃
	村尾成文	〃
2等（1席）	小林美夫	日本大学理
	若色峰郎	〃
（2席）	太田邦夫	東京大学
3等（1席）	秋岡武男	大阪市立大学
	竹原八郎	〃
	久門勇夫	〃
	藤田昌美	〃
	溝神宏至朗	〃
	結崎東衛	〃
（2席）	沢田隆夫	芦原建築設計事務所
（3席）	浅見欣司	永田建築事務所
	小高鎮夫	白石建築
	南迫哲也	工学院大学
	野浦　淳	宮沢・野浦建築事務所

●1961　多層車庫（駐車ビル）

順位	氏　名	所　　属
1等	根津耕一郎	東畑建築事務所
	小松崎常夫	〃
2等（1席）	猪狩達夫	菊竹清訓建築事務所
	高田光雄	長沼純一郎建築事務所
	土谷精一	住金鋼材
（2席）	上野斌	広瀬鎌二建築設計事務所
3等（1席）	能勢次郎	大林組
	中根敏彦	〃
（2席）	丹田悦雄	日建設計工務
（3席）	千原久史	文部省施設部福岡工事事務所
	古賀新吾	〃
（4席）	篠儀久雄	竹中工務店名古屋支店
	高楠直夫	〃
	平内祥夫	〃
	坂井勝次郎	〃
	伊藤志郎	〃
	田坂邦夫	〃
	岩渕淳次	〃
	桜井洋雄	〃

●1962　アパート（工業化を目指した）

順位	氏　名	所　　属
1等	大江幸弘	大阪建築事務所
	藤田昌美	〃
2等（1席）	多賀修三	中央鉄骨工事
（2席）	青木　健	九州大学
	桑本　洋	〃
	鈴木雅夫	〃
	弘永直康	〃
	古野　強	〃
3等（1席）	大沢辰夫	日本住宅公団
（2席）	茂木謙悟	九州大学
	柴田弘光	九州大学
	岩尾　襄	〃
（3席）	高橋博久	名古屋工業大学

●1963　自然公園に建つ国民宿舎

順位	氏　名	所　　属
1等	八木沢壮一	東京都立大学
	戸口靖夫	〃
	大久保全陸	〃
2等（1席）	若色峰郎	日本大学
	秋元和雄	清水建設
	筒井英雄	カトウ設計事務所
	津路次朗	日本大学
（2席）	上塘洋一	西村設計事務所
	松山岩雄	白川設計事務所
	西村　武	吉江設計事務所
3等（1席）	竹内　皓	三菱地所
	内川正人	〃
（2席）	保坂陽一郎	芦原建築設計事務所
（3席）	林　魏	石本建築事務所

●1964　国内線の空港ターミナル

順位	氏　名	所　　属
1等	小松崎常夫	大江宏建築事務所
2等（1席）	山中一正	梓建築事務所
（2席）	長島茂己	明石建築設計事務所
3等（1席）	渋谷　昭	建築創作連合
	渋谷義宏	〃
	中村金治	〃
	清水英雄	〃
（2席）	鈴木弘志	建設省営繕局
（3席）	坂巻弘一	大成建設
	高橋一躬	〃
	竹内　皓	三菱地所

●1965　温泉地に建つ老人ホーム

順位	氏　名	所　　属
1等	松田武治	鹿島建設
	河合喬史	〃
	南　和正	〃
2等（1席）	浅井光広	白川建築設計事務所
	松崎　稔	〃
	河西　猛	〃
（2席）	森　惣介	東鉄管理局施設部
	岡田俊夫	国鉄本社施設局
	白井正義	東鉄管理局施設部
	渡辺了策	国鉄本社施設局
3等（1席）	村井　啓	横総合計画事務所
	福沢健次	〃
	志田　巌	〃
	渡辺泰男	千葉大学
（2席）	近藤　繁	日建設計工務
	田村　清	〃
	水嶋勇郎	〃
	芳谷勝瀰	〃
（3席）	森　史夫	東京工業大学

●1966　農村住宅

順位	氏　名	所　　属
1等	鈴木清史	小崎建築設計事務所
	野呂恒二	林・山田・中原設計同人
	山田尚義	匠設計事務所
2等（1席）	竹内　耕	明治大学
	大吉春雄	下元建築事務所
	椎名　茂	〃
（2席）	田村　光	中山克巳建築設計事務所
	倉光昌彦	〃
3等（1席）	三浦紀之	磯崎新アトリエ
	高山芳彦	関東学院大学
（2席）	増野　暁	竹中工務店
	井口勝文	〃
（3席）	田良島昭	鹿児島大学

●1967　中都市に建つバスターミナル

順位	氏　名	所　　属
1等	白井正義	東京鉄道管理局
	深沢健二	国鉄東京工事局
	柳下　計	東京鉄道管理局
	清水俊克	国鉄東京工事局
	四日幹庸	東京鉄道管理局
	保坂時雄	国鉄東京工事局
	早川一武	〃
	竹谷一夫	東京鉄道管理局
	野原明彦	国鉄東京工事局
	高本　司	東京鉄道管理局
	森　惣介	〃
	渡辺了策	国鉄東京工事局
	坂井敬次	〃
2等（1席）	安田丑作	神戸大学
（2席）	白井正義 他12名1等 入選者と同じ	東京鉄道管理局
3等（1席）	平　昭男	平建築研究所
（2席）	古賀宏右	清水建設九州支店
	矢野彰夫	〃
	清原　暢	〃
	紀田兼武	〃
	中野俊章	〃
	城島嘉八郎	〃
	木梨良彦	〃
	梶原　順	〃
（3席）	唐沢昭夫	芝浦工業大学助手
	畑　聰一	芝浦工業大学
	有坂　勝	〃
	平野　周	〃
	鈴木誠司	〃

●1968　青年センター

順位	氏　名	所　　属
1等	菊地大麓	早稲田大学
2等（1席）	長峰　章	東洋大学助手
	長谷部浩	東洋大学
（2席）	坂野醇一	日建設計工務名古屋事務所
3等（1席）	大橋晃一	東京理科大学助手
	大橋二朗	東京理科大学
（2席）	柳村敏彦	教育施設研究所
（3席）	八木幸二	東京工業大学

●1969　郷土美術館

順位	氏　名	所　　属
入選	気賀沢俊之	早稲田大学
	割田正雄	〃
	後藤直道	〃
	小林勝由	丹羽英二建築事務所
	富士覇玉	清水建設名古屋支店
	和久昭夫	桜井事務所
	楓　文夫	安宅エンジニアリング
	若宮淳一	〃
	実崎弘司	日本大学
	道本裕忠	大成建設本社
	福井敬之輔	大成建設名古屋支店
	佐藤　護	大成建設新潟支店
	橋本文隆	芦原建築設計研究所
	田村真一	武蔵野美術大学

●1970　リハビリテーションセンター

順位	氏　名	所　　属
入選	阿部孝治	九州大学
	伊集院豊麿	〃
	江上　徹	〃
	竹下秀俊	〃
	中溝信之	〃
	林　俊生	〃
	本田昭四	九州大学助手
	松永　豊	九州大学
	土田裕康	東京都立田無工業高校
	松本信孝	〃
	岩渕昇二	工学院大学
	佐藤憲一	中野区役所建設部
	坪山幸生	日本大学
	杉浦定雄	アトリエ・K

順位	氏　名	所　　属
	伊沢　岬	日本大学
	江中伸広	〃
	坂井建正	〃
	小井義信	アトリエ・K
	吉田　諄	〃
	真鍋勝利	日本大学
	田代太一	〃
	仲村澄夫	〃
	光崎俊正	岡建築設計事務所
	宗像博道	鹿島建設
	山本敏夫	〃
	森田芳憲	三井建設

●1971　小学校

順位	氏　名	所　　属
1等	岩井光男	三菱地所
	鳥居和茂	西原研究所
	多田公昌	ヨコテ建築事務所
	芳賀孝和	和田設計コンサルタント
	寺田晃光	三愛石油
	大柿陽一	日本大学
2等	栗生　明	早稲田大学
	高橋英二	〃
	渡辺吉章	〃
	田中那華男	井上久雄建築設計事務所
3等	西川禎一	鹿島建設
	天野喜信	〃
	山口　等	〃
	渋谷外志子	〃
	小林良雄	芦原建築設計研究所
	井上　信	千葉大学
	浮々谷啓悟	〃
	大泉研二	〃
	清田恒夫	〃

●1972　農村集落計画

順位	氏　名	所　　属
1等	渡辺一二	創造社
	大極利明	〃
	村山　忠	SARA工房
2等（1席）	藤本信義	東京工業大学
	楠本侑司	〃
	藍沢　宏	〃
	野原　剛	〃
（2席）	成富善治	京都大学
	町井　充	〃
3等（1席）	本田昭四	九州大学助手
	井手秀一	九州大学
	樋口栄作	〃
	林　俊生	〃
	近藤芳男	〃
	日野　修	〃
	伊集院豊麿	〃
	竹下輝和	〃
（2席）	米津兼男	西尾建築設計事務所
	佐川秀雄	工学院大学
	大町知之	〃
	近藤英雄	〃
（3席）	三好庸隆	大阪大学
	中原文雄	〃

●1973　地方小都市に建つコミュニティーホスピタル

順位	氏　名	所　　属
1等	宮城千城	工学院大学助手
	石渡正行	工学院大学
	内野　豊	〃
	梶本実乗	〃
	天野憲二	〃
	小林正孝	〃
	三好　薫	〃
2等（1席）	高橋公雄	RG工房
	宝田昌秀	〃
	岩崎成義	〃
	加瀬幸次	〃
	内田久雄	RG工房
	安藤輝男	〃
（2席）	深谷俊則	UA都市・建築研究所
	込山俊二	山下寿郎設計事務所
	高村慶一郎	UA都市・建築研究所
3等（1席）	井手秀一	九州大学
	上和田茂	〃
	竹下輝和	〃
	日野　修	〃
	梶山喜一郎	〃
	永富　誠	〃
	松下隆太	〃
	村上良知	〃
	吉村直樹	〃
（2席）	山本育三	関東学院大学
（3席）	大町知之	工学院大学
	米津兼男	〃
	佐川秀雄	毛利建築設計事務所
	近藤英雄	工学院大学

●1974　コミュニティスポーツセンター

順位	氏　名	所　　属
1等	江口　潔	千葉大学
	斎藤　実	〃
2等（1席）	佐野原二	藍建築設計センター
（2席）	渡上和則	フジタ工業設計部
3等（1席）	津路次朗	アトリエ・K
	杉浦定雄	〃
	吉田　諄	〃
	真鍋勝利	〃
	坂井建正	〃
	田中重光	〃
	木田　俊	〃
	斎藤祐子	〃
	阿久津裕幸	〃
（2席）	神長一郎	SPACE DESIGN PRODUCE SYSTEM
（3席）	日野一男	日本大学
	蓮川正徳	〃
	常川芳男	〃

●1975　タウンハウス—都市の低層集合住宅

順位	氏　名	所　　属
1等	該当者なし	
2等	毛井正典	芝浦工業大学
	伊藤和範	早稲田大学
	石川俊治	日本国土開発
	大島博明	千葉大学
	小室克夫	〃
	田中二郎	〃
	藤倉　真	〃
3等	衣袋洋一	芝浦工業大学
	中西義和	三貴土木設計事務所
	森岡秀幸	国土工営
	永友秀人	R設計社
	金子幸一	三貴土木設計事務所
	松田福和	奥村組本社

●1976　建築資料館

順位	氏　名	所　　属
1等	佐藤元昭	奥村組
2等	田中康勝	芝浦工業大学
	和田法正	〃
	香取光夫	〃
	田島英夫	〃
	福沢　清	〃
	功刀　強	〃
3等	伊沢　岬	日本大学助手
	大野　豊	日本大学
	笠間康雄	〃
	柿本人司	〃
	佐藤洋一	〃
	高橋鎮男	日本大学
	場々洋介	〃
	入江敏郎	〃
	功刀　強	芝浦工業大学
	田島英夫	〃
	福沢　清	〃
	和田法正	〃
	香取光夫	〃
	田中康勝	〃
	坂口　修	鹿島建設
	平田典千	〃
	山田嘉朗	東北大学
	大西　誠	〃
	松元隆平	〃

●1977　買物空間

順位	氏　名	所　　属
1等	湯山康樹	早稲田大学
	小田恵介	〃
	南部　真	〃
2等	堀田一平	環境企画G
	藤井敏信	早稲田大学
	柳田良造	〃
	長谷川正充	〃
	松本靖男	〃
	井上赫郎	首都圏総合計画研究所
	工藤秀美	〃
	金田　弘	環境企画G
	川名俊郎	工学院大学
	林　俊司	〃
	渡辺　暁	〃
3等	菅原尚史	東北大学
	高坂憲治	〃
	千葉琢夫	〃
	森本　修	〃
	山田博人	〃
	長谷川章	早稲田大学
	細川博彰	工学院大学
	露木直己	日本大学
	大内宏友	〃
	永徳　学	〃
	高瀬正二	〃
	井上清春	工学院大学
	田中正裕	
	半貫正治	工学院大学

●1978　研修センター

順位	氏　名	所　　属
1等	小石川正男	日本大学短期大学
	神波雅明	高岡建築事務所
	乙坂雅広	日本大学
	永池勝範	鈴喜建設設計
	篠原則夫	日本大学
	田中光義	〃
2等	水島　宏	熊谷組本社
	本田征四郎	〃
	藤吉　恭	〃
	桜井経温	〃
	木野隆信	〃
	若松久雄	鹿島建設
3等	武馬　博	ウシヤマ設計研究室
	持田満輔	芝浦工業大学
	丸田　睦	〃
	山本園子	〃
	小田切利栄	〃
	佐々木勧	〃
	田島　肇	〃
	飯島　宏	〃
	田島英夫	加藤アトリエ
	後藤伸一	前川國男建築設計事務所
	東原克行	〃
	田中隆吉	竹中工務店東京支店

●1979 児童館

順位	氏 名	所 属
1等	倉本卿介	フジタ工業
	福島節男	〃
	岸原芳人	〃
	杉山栄一	〃
	小泉直久	〃
	小久保茂雄	〃
2等	西沢鉄雄	早稲田大学専門学校
	青柳信子	〃
	秋田宏行	〃
	尾登正典	〃
	斎藤民樹	〃
	坂本俊一	〃
	新井一治	関西大学
	山本孝之	〃
	村田直人	〃
	早瀬英雄	〃
	芳村隆史	〃
3等	中園真人	九州大学
	川島 豊	〃
	永松由教	〃
	入江謙吾	〃
	小吉泰彦	九州大学
	三橋 徹	〃
	山越幸子	〃
	多田善昭	斉藤孝建築設計事務所
	溝口芳典	香川県観音寺土木事務所
	真鍋一伸	富士建設
	柳川恵子	斉藤孝建築設計事務所

●1980 地域の図書館

順位	氏 名	所 属
1等	三橋 徹	九州大学
	吉田寛史	〃
	内村 勉	〃
	井上 誠	〃
	時政康司	〃
	山野善郎	〃
2等（1席）	若松久雄	鹿島建設
（2席）	塚ノ目栄寿	芝浦工業大学
	山下高二	〃
	山本園子	〃
3等（1席）	布袋洋一	芝浦工業大学
	船山信夫	〃
	栗田正光	〃
（2席）	森 一彦	豊橋技術大学
	梶原雅也	〃
	高村誠人	〃
	市村 弘	〃
	藤島和博	〃
	長村寛行	〃
（3席）	佐々木厚司	京都工芸繊維大学
	野口道男	〃
	西村正裕	〃

●1981 肢体不自由児のための養護学校

順位	氏 名	所 属
1等	野久尾尚志	地域計画設計
	田畑邦男	〃
2等（1席）	井上 誠	九州大学
	磯野祥子	〃
	滝山 作	〃
	時政康司	〃
	中村隆明	〃
	山野善郎	〃
	鈴木義弘	〃
（2席）	三川比佐人	清水建設
	黒田和彦	〃
	中島晋一	〃
	馬場弘一郎	〃
	三橋 徹	〃
	吉田 博	〃
3等（1席）	川元 茂	九州大学
	郡 明宏	〃
	永島 潮	〃
	深野木信	〃
（2席）	畠山和幸	住友建設
（3席）	渡辺富雄	日本大学
	佐藤日出夫	〃
	中川龍吾	〃
	本間博之	〃
	馬場律也	〃

●1982 地場産業振興のための拠点施設

順位	氏 名	所 属
1等	城戸崎和佐	芝浦工業大学
	大崎閲男	〃
	木村雅一	〃
	進藤憲治	〃
	宮本秀二	〃
2等	佐々木聡	東北大学
	小沢哲三	〃
	小坂高志	〃
	杉山 丞	〃
	鈴木秀俊	〃
	三嶋志郎	〃
	山田真人	〃
	青木修一	工学院大学
3等	出田 肇	創設計事務所
	大森正夫	京都工芸繊維大学
	黒田智子	〃
	原 浩一	〃
	鷹村暢子	〃
	日高 章	〃
	岸本和久	京都工芸繊維大学
	岡田明浩	〃
	深野木信	九州大学
	大津博幸	〃
	川崎光敏	〃
	川島浩孝	〃
	仲江 肇	〃
	西 洋一	〃

●1983 国際学生交流センター

順位	氏 名	所 属
1等	岸本広久	京都工芸繊維大学
	柴田 厚	〃
	藤田泰広	〃
2等	吉岡栄一	芝浦工業大学
	佐々木和子	〃
	照沼博志	〃
	大野幹雄	〃
	糟谷浩史	京都工芸繊維大学
	鷹村暢子	〃
	原 浩一	〃
3等	森田達志	工学院大学
	丸山正仁	工学院大学
	深野木信	九州大学
	川崎光敏	〃
	高須芳史	〃
	中村孝至	〃
	長嶋洋子	〃
	ウ・ラタン	〃

●1984 マイタウンの修景と再生

順位	氏 名	所 属
1等	山崎正史	京都大学助手
	浅川滋男	京都大学
	千葉道也	〃
	八木雅夫	〃
	リッタ・サラスティエ	〃
	金 竜河	〃
	カテリナ・メグミ・ナバミネ	〃
	曽野泰行	〃
	若松 準	〃
2等	宗平真澄	関西大学
	近宮健一	〃
	池田泰彦	九州芸術工科大学
	米永優子	〃
	塚原秀典	〃
	上田俊三	〃
	応地丘子	〃
	梶原美樹	〃
3等	大野泰史	鹿島建設
	伊藤吉和	千葉大学
	金 秀吉	〃
	小林一雄	〃
	堀江 隆	〃
	佐藤基一	〃
	須永浩邦	〃
	神尾幸伸	関西大学
	宮本昌彦	〃

●1985 商店街における地域のアゴラ

順位	氏 名	所 属
1等	元氏 誠	京都工芸繊維大学
	新田晃尚	〃
	浜村哲朗	〃
2等	栗原忠一郎	連合設計栗原忠建築設計事務所
	大成二信	〃
	千葉道也	京都大学
	増井正哉	〃
	三浦英樹	〃
	カテリナ・メグミ・ナガミネ	〃
	岩松 準	〃
	曽野泰行	〃
	金 浩哲	〃
	太田 潤	〃
	大守昌利	〃
	大倉克仁	〃
	加茂みどり	〃
	川村 豊	〃
	黒木俊正	〃
	河本 潔	〃
3等	藤沢伸佳	日本大学
	柳 泰彦	〃
	林 和樹	〃
	田崎祐生	京都大学
	川人洋志	〃
	川野博義	〃
	原 哲也	〃
	八木康夫	〃
	和田 淳	〃
	小谷邦夫	〃
	上田嘉之	〃
	小路直彦	関西大学
	家田知明	〃
	松井 誠	〃

●1986 外国に建てる日本文化センター

順位	氏 名	所 属
1等	松本博樹	九州芸術工科大学
	近藤英夫	〃
2等（特別賞）	キャロリン・ディナス	オーストラリア
2等	宮宇地一彦	法政大学講師
	丸山茂生	早稲田大学
	山下英樹	〃
3等	グヮウン・タン	オーストラリア
	アスコール・ピーターソンズ	〃
	高橋喜人	早稲田大学
	杉浦友哉	早稲田大学
	小林達也	日本大学
	小川克己	〃
	佐藤信治	〃

●1987 建築博物館

順位	氏 名	所 属
1等	中島道也	京都工芸繊維大学
	神津昌哉	〃
	丹羽喜裕	〃

順位	氏名	所属
	林　秀典	京都工芸繊維大学
	奥　佳弥	〃
	関井　徹	〃
	三島久範	〃
2等（1席）	吉田敏一	東京理科大学
（2席）	川北健雄	大阪大学
	村井　貢	〃
	岩田尚樹	〃
3等	工藤信啓	九州大学
	石井博文	〃
	吉田　勲	〃
	大坪真一郎	〃
	當間　卓	日本大学
	松岡辰郎	〃
	氏家　聡	〃
	松本博樹	九州芸術工科大学
	江島嘉祐	〃
	坂原裕樹	〃
	森　裕	〃
	渡辺美恵	〃

●1988　わが町のウォーターフロント

順位	氏名	所属
1等	新間英一	日本大学
	丹羽雄一	〃
	橋本樹宜	〃
	草薙茂雄	〃
	毛見　究	〃
2等（1席）	大内宏友	日本大学
	岩田明士	〃
	関根　智	〃
	原　直昭	〃
	村島聡乃	〃
（2席）	角田暁治	京都工芸繊維大学
3等	伊藤　泰	日本大学
	橋寺和子	関西大学
	居内章夫	〃
	奥村浩和	〃
	宮本昌彦	〃
	工藤信啓	九州大学
	石井博文	〃
	小林美和	〃
	松江健吾	〃
	森次　顕	〃
	石川恭温	〃

●1989　ふるさとの芸能空間

順位	氏名	所属
1等	湯淺篤哉	日本大学
	広川昭二	〃
2等（1席）	山岡哲哉	東京理科大学
（2席）	新間英一	日本大学
	長谷川晃三郎	〃
	岡里　潤	〃
	佐久間明	〃
	横尾愛子	〃
3等	直井　功	芝浦工業大学
	飯嶋　淳	〃
	松田葉子	〃
	浅見　清	〃
	清水健太郎	〃
	丹羽雄一	日本大学
	松原明生	京都工芸繊維大学

●1990　交流の場としてのわが駅わが駅前

順位	氏名	所属
1等	鎌田泰寛	室蘭工業大学
2等（1席）	若林伸吾	ゼブラクロス/環境計画研究機構
（2席）	植竹和弘	日本大学

順位	氏名	所属
	根岸延行	日本大学
	中西邦弘	〃
3等	飯田隆弘	日本大学
	山口哲也	〃
	佐藤教明	〃
	佐藤滋晃	〃
	本田昌明	京都工芸繊維大学
	加藤正浩	京都工芸繊維大学
	矢部達也	〃
第2部優秀作品	辺見昌克	東北工業大学
	重田真理子	日本大学
	小笠原滋之	日本大学
	岡本真吾	〃
	堂下　浩	〃
	曽根　奨	〃
	田中　剛	〃
	高倉朋文	〃
	富永隆弘	〃

●1991　都市の森

順位	氏名	所属
1等	北村順一	EARTH-CREW 空間工房
2等（1席）	山口哲也	日本大学
	河本憲一	〃
	広川雅樹	〃
	日下部仁志	〃
	伊藤康史	〃
	高橋武志	〃
（2席）	河合哲夫	京都工芸繊維大学
3等	吉田幸代	東京電機大学
	大勝義夫	東京電機大学
	小川政彦	〃
	有馬浩一	京都工芸繊維大学
第2部優秀作品	真崎英嗣	京都工芸繊維大学
	片桐岳志	日本大学
	豊川健太郎	神奈川大学

●1992　わが町のタウンカレッジをつくる

順位	氏名	所属
1等	増重雄治	広島大学
	平賀直樹	〃
	東　哲也	〃
2等	今泉　純	東京理科大学
	笠継　浩	九州芸術工科大学
	吉澤宏生	〃
	梅元建治	〃
	藤本弘子	〃
3等	大橋千枝子	早稲田大学
	永澤明彦	〃
	野嶋　徹	〃
	堀江由布子	〃
	水川ひろみ	〃
	葉　華	〃
	龍　治男	〃
	永井　牧	東京理科大学
	佐藤教明	日本大学
	木口英俊	〃
第2部優秀作品	田代拓未	早稲田大学
	細川直哉	早稲田大学
	南谷武志	豊橋技術科学大学
	植村龍治	〃
	鵜飼優美代	〃
	楊　迪鋼	〃
	品川ちとせ	〃

●1993　川のある風景

順位	氏名	所属
1等	堀田典裕	名古屋大学
	片木孝治	〃
2等	宇高雄志	豊橋技術科学大学
	新宅昭文	〃
	金田俊美	〃
	藤本統久	〃
	阪田弘一	大阪大学助手
	板谷善晃	大阪大学
	榎木靖倫	〃
3等	坂本龍宣	日本大学
	戸田正幸	〃
	西出慎吾	〃
	安田利宏	京都工芸繊維大学
	原　竜介	京都府立大学
第2部優秀作品	瀬木博重	東京理科大学
	平原英樹	東京理科大学
	岡崎光邦	日本文理大学
	岡崎泰和	〃
	米良裕二	〃
	脇坂隆治	〃
	池田貴光	〃

●1994　21世紀の集住体

順位	氏名	所属
1等	尾崎敦俊	関西大学
2等	岩佐明彦	東京大学
	疋田誠二	神戸大学
	西端賢一	〃
	鈴木　賢	〃
3等	菅沼秀樹	北海道大学
	ピメンテル・フランシスコ	〃
	藤石真樹	九州大学
	唐崎祐一	〃
	安武敦子	九州大学
	柴田　健	〃
第2部優秀作品	太田光則	日本大学
	南部健太郎	〃
	岩間大輔	〃
	佐久間朗	〃
	桐島　徹	日本大学
	長澤秀徳	〃
	福井恵一	〃
	蓮池　崇	〃
	和久　豪	〃
	薩摩亮治	京都工芸繊維大学
	大西康伸	〃

●1995　テンポラリー・ハウジング

順位	氏名	所属
1等	柴田　建	九州大学
	上野恭子	〃
	Nermin Mohsen Elokla	〃
2等	津國博英	エムアイエー建築デザイン研究所
	鈴木秀雄	〃
	川上浩史	日本大学
	圓塚紀祐	〃
	村松哲志	〃
3等	伊藤秀明	工学院大学
	中井賀代	関西学院大学
	伊藤一未	〃
	内記英文	熊本大学
	早樋　努	〃
第2部優秀作品	崎田由紀	日本女子大学
	的場喜郎	日本大学
	横地哲哉	日本大学
	大川航洋	〃

順位	氏　名	所　　属
	小越康乃	日本大学
	大野和之	〃
	清松寛史	〃

●1996　空間のリサイクル

順位	氏　名	所　　属
1等	木下泰男	北海道造形デザイン専門学校講師
2等	大竹啓文	筑波大学
	松岡良樹	〃
	吉村紀一郎	豊橋技術科学大学
	江川竜之	〃
	太田一洋	〃
	佐藤裕子	〃
	増田成政	〃
3等	森　雅章	京都工芸繊維大学
	上田佳奈	〃
	石川主税	名古屋大学
	中　敦史	関西大学
	中島健太郎	〃
第2部優秀作品	徳田光弘	九州芸術工科大学
	浅見苗子	東洋大学
	池田さやか	〃
	内藤愛子	〃
	藤ヶ谷えり子	香川職業能力開発短期大学校
	久永康子	〃
	福井由香	〃

●1997　21世紀の『学校』

順位	氏　名	所　　属
1等	三浦　慎	フリー
	林　太郎	東京芸術大学
	千野晴己	〃
2等	村松保洋	日本大学
	渡辺泰夫	〃
	森園知弘	九州大学
	市丸俊一	〃
3等	豊川斎赫	東京大学
	坂牧由美子	〃
	横田直子	熊本大学
	高橋将幸	〃
	中野純子	〃
	松本　仁	〃
	富永誠一	〃
	井上貴明	〃
	岡田信男	〃
	李　煒強	〃
	藤本美由紀	〃
	澤村　要	〃
	浜田智紀	〃
	宮崎剛哲	〃
	風間奈津子	〃
	今村正則	〃
	中村伸二	〃
	山下　剛	鹿児島大学
第2部優秀作品	間下奈津子	早稲田大学
	瀬戸健似	日本大学
	土屋　誠	〃
	遠藤　誠	〃
	渋川　隆	東京理科大学

●1998　『市場』をつくる

順位	氏　名	所　　属
最優秀賞	宇野勇治	名古屋工業大学
	三好光行	〃
	眞中正司	日建設計
優秀賞	筧　雄平	東北大学
	村口　玄	〃
	福島理恵	早稲田大学
	齋藤篤史	京都工芸繊維大学
	東尾勝則	近畿大学

順位	氏　名	所　　属
タジマ奨励賞	山口雄治	東洋大学
	坂巻　哲	〃
	齋藤真紀	早稲田大学専門学校
	浅野早苗	〃
	松本亜矢	〃
	根岸広人	早稲田大学専門学校
	石井友子	〃
	小池益代	〃
	原山　賢	信州大学
	齋藤み穂	関西大学
	竹森紘臣	〃
	井川　清	関西大学
	葉山純士	〃
	前田利幸	〃
	前村直紀	
	横山敦一	大阪大学
	青山祐子	〃
	倉橋尉仁	〃

●1999　住み続けられる"まち"の再生

順位	氏　名	所　　属
最優秀賞	多田正治	大阪大学
タジマ奨励賞	南野好司	〃
	大浦寛登	〃
優秀賞	北澤　猛	東京大学
	遠藤　新	〃
	市原富士夫	〃
	今村洋一	〃
	野原　卓	〃
	今川俊一	〃
	栗原謙樹	〃
	田中健介	〃
	中島直人	〃
	三牧浩也	〃
	荒俣桂子	〃
	中楯哲史	法政大学
	安食公治	〃
	岡本欣士	〃
	熊崎敦史	〃
	西牟田奈々	〃
	白川　在	〃
	増見収太	〃
	森島則文	フジタ
	堀田忠義	〃
	天満智子	〃
	松島啓之	神戸大学
	大村俊一	大阪大学
	生川慶一郎	〃
	横田　郁	〃
タジマ奨励賞	開　　歩	東北工業大学
	鳥山暁子	東京理科大学
	伊藤教司	東京理科大学
	石冨達郎	金沢大学
	北野清晃	〃
	鈴木秀典	〃
	大谷瑞絵	〃
	青木宏之	和歌山大学
	伊佐治克哉	〃
	島田　聖	〃
	高井美樹	〃
	濱上千香子	〃
	平林嘉泰	〃
	藤本玲子	〃
	松川真之介	〃
	向井啓晃	〃
	山崎和義	〃
	岩岡大輔	〃
	徳宮えりか	〃
	菊野　恵	〃
	中瀬由子	〃
	山田細香	〃

順位	氏　名	所　　属
	今井敦士	摂南大学
	東　雅人	〃
	櫛部友士	〃
	奥野洋平	近畿大学
	松本幸治	〃
	中野百合	日本文理大学
	日下部真一	〃
	下地大樹	〃
	大前弥佐子	〃
	小沢博克	〃
	具志堅元一	〃
	三浦琢哉	〃
	濱村諭志	〃

●2000　新世紀の田園居住

順位	氏　名	所　　属
最優秀賞	山本泰裕	神戸大学
	吉池寿顕	〃
	牛戸陽治	〃
	本田　亙	フリー
	村上　明	九州大学
優秀賞	藤原徹平	横浜国立大学
	高橋元氣	フリー
	畑中久美子	神戸芸術工科大学
	齋藤篤史	竹中工務店
	富田祐一	アール・アイ・エー大阪支社
	嶋田泰子	竹中工務店
タジマ奨励賞	張替那麻	東京理科大学
	平本督太郎	慶應義塾大学
	加曽利千草	〃
	田中真美子	〃
	三上哲哉	〃
	三島由樹	〃
	花井奏達	大同工業大学
	新田一真	金沢工業大学
	新藤太一	〃
	日野直人	〃
	早見洋平	信州大学
	岡部敏明	日本大学
	青山　純	〃
	斉藤洋平	〃
	秦野浩司	〃
	木村輝之	〃
	重松研二	〃
	岡田俊博	〃
	森田絢子	明石工業高等専門学校
	木村恭子	〃
	永尾達也	〃
	延東　治	明石工業高等専門学校
	松森一行	〃
	田中雄一郎	高知工科大学
	三木結花	〃
	横山　藍	〃
	石田計志	〃
	松本康夫	〃
	大久保圭	〃

●2001　子ども居場所

順位	氏　名	所　　属
最優秀賞	森　雄一	神戸大学
	祖田篤輝	〃
	碓井　亮	〃
優秀賞	小地沢将之	東北大学
	中塚祐一郎	〃
	浅野久美子	〃
(タジマ奨励賞)	山本 幸恵	早稲田大学芸術学校
	太刀川寿子	〃
	横井祐子	〃
	片岡照博	工学院大学・早稲田大学芸術学校
	深澤たけ美	豊橋技術科学大学
	森川勇己	〃

順位	氏名	所属
	武部康博	豊橋技術科学大学
	安藤　剛	〃
	石田計志	高知工科大学
	松本康夫	〃
タジマ奨励賞	増田忠史	早稲田大学
	高尾研也	〃
	小林恵吾	〃
	蜂谷伸治	〃
	大木　圭	東京理科大学
	本間行人	東京理科大学
	山田直樹	日本大学
	秋山　貴	〃
	直井宏樹	〃
	山崎裕子	〃
	湯浅信二	〃
	北野雅士	豊橋技術科学大学
	赤松耕太	〃
	梅田由佳	〃
	坂口　祐	慶應義塾大学
	稲葉佳之	〃
	石井綾子	〃
	金子晃子	〃
	森田絢子	明石工業高等専門学校
	木村恭子	〃
	永尾達也	東京大学
	山名健介	広島工業大学
	安井裕之	〃
	平田友隆	〃
	西元咲子	〃
	豊田憲洋	〃
	宗村卓季	〃
	密山　弘	〃
	片岡　聖	〃
	今村かおり	〃
	大城幸恵	九州職業能力開発大学校
	水上浩一	〃
	米倉大喜	〃
	石峰顕道	〃
	安藤美代子	〃
	横田竜平	〃
	安藤美代子	九州職業能力開発大学校
	桑山京子	〃
	井原堅一	〃
	井上　歩	〃
	米倉大喜	〃
	水上浩一	〃
	矢橋　徹	日本文理大学
●2002　外国人と暮らすまち		
最優秀賞	竹田堅一	芝浦工業大学
	高山　久	〃
	依田　崇	〃
	宮野隆行	〃
	河野友紀	広島大学
	佐藤菜採	〃
	高山武士	〃
	都築　元	〃
	安井裕之	広島工業大学
	久安邦明	〃
	横川貴史	〃
優秀賞	三谷健太郎	東京理科大学
	田中信也	千葉大学
	穂積雄平	東京理科大学
	山本　学	神奈川大学
（タジマ奨励賞）	水上浩一	九州職業能力開発大学校
	吉岡雄一郎	〃
	西村　恵	〃
	大脇淳一	〃
	古川晋作	〃
	川崎美紀子	〃
	安藤美代子	〃
	米倉大喜	〃
タジマ奨励賞	TEOH CHEE SIANG	千葉大学
	岩崎真志	豊橋技術科学大学
	中西　功	〃
	長田剛和	〃
	三原直也	京都工芸繊維大学
●2003　みち		
最優秀賞 島本源徳賞	山田智彦	千葉大学
	加藤大志	〃
	陶守奈津子	〃
	末廣倫子	〃
	中野　薫	〃
	鈴木葉子	〃
	廣瀬哲史	〃
	北澤有里	〃
最優秀賞（タジマ奨励賞）	宮崎明子	東京理科大学
	溝口省吾	〃
	細山真治	〃
	横川貴史	広島工業大学
	久安邦明	〃
	安井裕之	〃
優秀賞	市川尚紀	東京理科大学
	石井　亮	東京理科大学
	石川雄一	〃
	中込英樹	〃
	表　尚玄	大阪市立大学
	今井　朗	〃
	河合美保	〃
	今村　顕	〃
	加藤悠介	〃
	井上昌子	〃
	西脇智子	〃
	宮谷いずみ	〃
	稲垣大志	〃
	酢田祐子	〃
（タジマ奨励賞）	松川洋輔	日本文理大学
	嵯峨彰仁	〃
	川野伸寿	〃
	持留啓徳	〃
	国頭正章	〃
	雑賀貴志	〃
タジマ奨励賞	中井達也	大阪大学
	桑原悠樹	〃
	尾杉友浩	〃
	西澤嘉一	〃
	田中美帆	〃
	森川真嗣	国立明石工業高等専門学校
	加藤哲史	広島大学
	佐々岡由訓	〃
	松岡由子	〃
	長池正純	〃
	内田哲広	広島大学
	久留原明	〃
	松本幸子	〃
	割方文子	〃
	宮内聡明	日本文理大学
	大西達郎	〃
	嶋田孝頼	〃
	野見山雄太	〃
	田村文乃	〃
	松浦　琢	九州芸術工科大学
	前田圭子	国立有明工業高等専門学校
	奥薗加奈子	〃
	西田朋美	〃
	田中隆志	九州職業能力開発大学校
	古川晋作	〃
	保永勝重	〃
	田端孝蔵	〃
	吉岡雄一郎	〃
	井原堅一	〃
	大脇淳一	〃
●2004　建築の転生・都市の再生		
最優秀賞 島本源徳賞 （タジマ奨励賞）	遠藤和郎	東北工業大学
最優秀賞 島本源徳賞	紅林佳代	日本大学
	柳瀬英江	〃
	牧田浩二	〃
最優秀賞	和久倫也	東京都立大学
	小川　仁	〃
	齋藤茂樹	〃
	鈴木啓之	〃
優秀賞	本間行人	横浜国立大学
	齋藤洋平	大成建設
	小菅俊太郎	〃
	藤原　稔	〃
タジマ奨励賞	平田啓介	慶應義塾大学
	椎木空海	〃
	柳沢健人	〃
	塚本　文	〃
	佐藤桂火	東京大学
	白倉　将	京都工芸繊維大学
	山田道子	大阪市立大学
	舩橋耕太郎	〃
	堀野　敏	大阪市立大学
	田部兼三	〃
	酒井雅男	〃
	山下剛史	広島大学
	下田康晴	〃
	西川佳香	〃
	田村隆志	日本文理大学
	中村公亮	〃
	茅根一貴	〃
	水内英允	〃
	難波友亮	鹿児島大学
	西垣智哉	〃
	小佐見友子	鹿児島大学
	瀬戸口晴美	〃
●2005　風景の構想—建築をとおしての場所の発見—		
最優秀賞 島本源徳賞	中西正佳	京都大学
	佐賀淳一	〃
	松田拓郎	北海道大学
優秀賞	石川典貴	京都工芸繊維大学
	川勝崇道	〃
	森　隆	芝浦工業大学
	廣瀬　悠	立命館大学
	加藤直史	〃
	水谷好美	立命館大学
（タジマ奨励賞）	吉村　聡	神戸大学
（タジマ奨励賞）	木下皓一郎	熊本大学
	菊池　聡	〃
	佐藤公信	〃
タジマ奨励賞	渡邊幹夫	日本文理大学
	伊禮竜馬	〃
	中野晋治	〃
	近藤　充	東北工業大学
	賞雅裕和	日本大学
	田島　誠	〃
	重堂英仁	〃
	濵崎梨沙	鹿児島大学
	中村直人	〃
	王　東揚	〃
●2006　近代産業遺産を生かしたブラウンフィールドの再生		
最優秀賞 島本源徳賞	新宅　健	山口大学
	三好宏史	〃
	山下　敦	〃

（ ）はタジマ奨励賞と重賞

順位	氏名	所属
優秀賞	中野茂夫	筑波大学
	不破正仁	〃
	市原　拓	〃
	小山雄資	〃
	神田伸正	〃
	臂　　徹	〃
	堀江晋一	大成建設
	関山泰忠	〃
	土屋尚人	〃
	中野　弥	〃
	伊原　慶	〃
	出口　亮	〃
	萩原崇史	千葉大学
	佐本雅弘	〃
	真泉洋介	〃
	平山善雄	九州大学
	安部英輝	〃
	馬場大輔	〃
	疋田美紀	〃
タジマ奨励賞	広田直樹	関西大学
	伏見将彦	〃
	牧　奈歩	明石工業高等専門学校
	国居郁子	〃
	井上亮太	〃
	三崎恵理	関西大学
	小島　彩	〃
	伊藤裕也	広島大学
	江口宇雄	〃
	岡島由賀	〃
	鈴木聖明	近畿大学
	高田耕平	〃
	田原康啓	〃
	戎野朗生	広島大学
	豊田章雄	〃
	山根俊輔	〃
	森　智之	〃
	石川陽一郎	〃
	田尻昭久	崇城大学
	長家正典	〃
	久冨太一	〃
	皆川和朗	日本大学
	古賀利郎	〃
	髙田　郁	大阪市立大学
	黒木悠真	〃
	桜間万里子	〃

●2007　人口減少時代のマイタウンの再生

順位	氏名	所属
最優秀賞 島本源徳賞	牟田隆一	九州大学
	吉良直子	〃
	多田麻梨子	〃
	原田　慧	〃
最優秀賞	井村英之	東海大学
	杉　和也	〃
	松浦加奈	〃
	多賀麻衣子	和歌山大学
	北山めぐみ	〃
	木村秀男	〃
	宮原　崇	〃
	本塚智貴	〃
優秀賞	辻　大起	日本大学
	長岡俊介	〃
	村瀬慶征	神戸大学
	堀　浩人	〃
	船橋謙太郎	〃
（タジマ奨励賞）	隈部俊輔	広島大学
	中尾洋明	〃
	高平茂輝	〃
	塚田浩介	〃
	重廣　亨	〃
	益原実礼	〃

順位	氏名	所属
タジマ奨励賞	田附　遼	東京工業大学
	村松健児	〃
	上條慎司	〃
	三好絢子	広島工業大学
	龍野裕平	〃
	森田　淳	〃
	宇根明日香	近畿大学
	櫻井美由紀	〃
	松野　藍	〃
	柳川雄太	近畿大学
	山本恭平	〃
	城納　剛	〃
	関谷有希	近畿大学
	三浦　亮	〃
	古田靖幸	近畿大学
	西村知香	〃
	川上裕司	〃
	古田真史	広島大学
	渡辺晴香	〃
	萩野　亮	〃
	富山晃一	鹿児島大学
	岩元俊輔	〃
	阿相和成	〃
	林川祥子	日本文理大学
	植田祐加	〃
	大熊夏代	〃
	生野大輔	〃
	靍田和樹	〃

●2008　記憶の器

順位	氏名	所属
最優秀賞	矢野佑一	大分大学
	山下博廉	〃
	河津恭平	〃
	志水昭太	〃
	山本展久	〃
	赤木建一	九州大学
	山﨑貴幸	〃
	中村翔悟	〃
	井上裕子	〃
優秀賞 （タジマ奨励賞）	板谷　慎	日本大学
	永田貴祐	〃
	黒木悠真	大阪市立大学
	坪井祐太	山口大学
	松本　誉	〃
	花岡芳徳	広島工業大学
	児玉亮太	〃
（タジマ奨励賞）	中川聡一郎	九州大学
	樋口　翔	〃
	森田　翔	〃
	森脇亜津子	〃
タジマ奨励賞	河野　恵	広島大学
	百武恭司	〃
	大髙美乃里	〃
	千葉美幸	京都大学
	國居郁子	明石工業高等専門学校
	福本　遼	〃
	水谷昌稔	〃
	成松仁志	近畿大学
	松田尚子	〃
	安田浩子	〃
	平町好江	近畿大学
	安藤美有紀	〃
	中田庸介	〃
	山口和紀	近畿大学
	岡本麻希	〃
	高橋磨有美	〃
	上村浩貴	高知工科大学
	富田海友	東海大学

●2009年　アーバン・フィジックスの構想

順位	氏名	所属
最優秀賞	木村敬義	前橋工科大学
	武曽雅嗣	〃
	外崎晃洋	〃
	河野　直	京都大学
	藤田桃子	〃
優秀賞	石毛貴人	千葉大学
	生出健太郎	〃
	笹井夕莉	〃
	江澤現之	山口大学
	小崎太士	〃
	岩井敦郎	〃
（タジマ奨励賞）	川島　卓	高知工科大学
タジマ奨励賞	小原希望	東北工業大学
	佐藤えりか	〃
	奥原弘平	日本大学
	三代川剛久	〃
	松浦眞也	〃
	坂本大輔	広島工業大学
	上田寛之	〃
	濵本拓幸	〃
	寺本　健	高知工科大学
	永尾　彩	北九州市立大学
	濱本拓磨	〃
	山田健太朗	〃
	長谷川伸	九州大学
	池田　亘	〃
	石神絵里奈	〃
	瓜生宏輝	〃

●2010　大きな自然に呼応する建築

順位	氏名	所属
最優秀賞	後藤充裕	宮城大学
	岩城和昭	〃
	佐々木詩織	〃
	山口喬久	〃
	山田祥平	〃
	鈴木高敏	工学院大学
	坂本達典	〃
	秋野崇大	愛知工業大学
	谷口桃子	〃
	宮口　晃	愛知工業大学研究
優秀賞	遠山義雅	横浜国立大学
	入口佳勝	広島工業大学
	指原　豊	株式会社浦野設計
	神谷悠実	三重大学大学院
	前田太志	三重大学大学院
	横山宗宏	広島工業大学
	遠藤創一朗	山口大学
	木下　知	〃
	曽田龍士	〃
（タジマ奨励賞）	笹田侑志	九州大学
タジマ奨励賞	真田　匠	九州工業大学
	戸井達弥	前橋工科大学
	渡邉宏道	〃
	安藤祐介	九州大学
	木村愛実	広島大学
	後藤雅和	岡山理科大学
	小林規矩也	〃
	枇榔博史	〃
	中村宗樹	〃
	江口克成	佐賀大学
	泉　竜斗	〃
	上村恵里	〃
	大塚一翼	〃

順位	氏　名	所　　属
タジマ奨励賞	今林寛晃	福岡大学
	井田真広	〃
	筒井麻子	〃
	柴田陽平	〃
	山中理沙	〃
	宮崎由佳子	〃
	坂口　織	〃
	Baudry Margaux Laurene	九州大学
	濱谷洋次	九州大学

●2011　時を編む建築

順位	氏　名	所　　属
最優秀賞	坂爪佑丞	横浜国立大学
	西川日満里	〃
	入江奈津子	九州大学
	佐藤美奈子	〃
	大屋綾乃	〃
優秀賞	小林　陽	東京電機大学
	アマングリトゥリソン	〃
	井上美咲	〃
	前畑　薫	〃
	山田飛鳥	〃
	堀　光瑠	〃
	齋藤慶和	大阪工業大学
	石川慎也	〃
	仁賀木はるな	〃
	奥野浩平	〃
	坂本大輔	広島工業大学
	西亀和也	九州大学
	山下浩祐	〃
	和田雅人	〃
佳作（タジマ奨励賞）	高橋拓海	東北工業大学
	西村健宏	〃
	木村智行	首都大学東京大学
	伊藤恒輝	〃
	平野有良	〃
	佐長秀一	東海大学
	大塚健介	〃
	曽根田恵	〃
	澁谷年子	慶應義塾大学
（タジマ奨励賞）	山本　葵	大阪大学
	松瀬秀隆	大阪工業大学
	阪口裕也	〃
	大谷友人	〃
タジマ奨励賞	金　司寛	東京理科大学
	田中達朗	〃
	山根大知	島根大学
	井上　亮	〃
	有馬健一郎	〃
	西岡真穂	〃
	朝井彩加	〃
	小草未希子	〃
	柳原絵里子	〃
	片岡恵理子	〃
	三谷佳奈子	〃
	松村紫舞	広島大学
	鶴崎翔太	〃
	西村唯子	〃
	山本真司	近畿大学
	佐藤真美	〃
	石川佳奈	〃
	塩川正人	近畿大学
	植木優行	〃
	水下竜也	〃
	中尾恭子	〃
	木村龍之介	熊本大学
	隣真理子	〃
	吉田枝里	〃
タジマ奨励賞	熊井順一	九州大学
	菊野　慧	鹿児島大学
	岩田奈々	〃

●2012　あたりまえのまち／かけがえのないもの

順位	氏　名	所　　属
最優秀賞	神田謙匠	金沢工業大学
	吉田知剛	〃
	坂本和哉	関西大学
	坂口文彦	〃
	中尾礼太	〃
	元木智也	京都工芸繊維大学
	原　宏佑	〃
優秀賞	大谷広司	千葉大学
	諸橋　俊	〃
	上田一樹	〃
	殷　玥	〃
	辻村修太郎	関西大学
	吉田祐介	〃
	山根大知	島根大学
	酒井直哉	〃
	稲垣伸彦	〃
	宮崎　照	〃
佳作	平林　瞳	横浜国立大学
	水野貴之	〃
（タジマ奨励賞）	石川　睦	愛知工業大学
	伊藤哲也	〃
	江間亜弥	〃
	大山真司	〃
	羽場健人	〃
	山田健登	〃
	丹羽一将	〃
	船橋成明	〃
	服部佳那子	〃
	高橋良至	神戸大学
	殷　小文	〃
	岩田　翔	〃
	二村緋菜子	〃
	梶並直貴	山口大学
	植田裕基	〃
	田村彰浩	〃
（タジマ奨励賞）	田中伸明	熊本大学
	有谷友孝	〃
	山田康助	〃
（タジマ奨励賞）	江渕　翔	九州産業大学
	田川理香子	〃
タジマ奨励賞	吉田智大	前橋工科大学
	鈴木翔麻	名古屋工業大学
	齋藤俊太郎	豊田工業高等専門学校
	岩田はるな	〃
	鈴木千裕	〃
	野正達也	西日本工業大学
	榎並拓哉	〃
	溝口憂樹	〃
	神野　翔	〃
	冨木幹大	鹿児島大学
	土肥準也	〃
	関　恭太	〃
	原田爽一朗	九州産業大学
	椊井寛子	九州大学
	西山雄大	〃
	徳永孝平	〃
	山田泰輝	〃

●2013　新しい建築は境界を乗り越えようとするところに現象する

順位	氏　名	所　　属
最優秀賞	金沢　将	東京理科大学
	奥田晃大	〃
最優秀賞	山内翔太	神戸大学
優秀賞	丹下幸太	日本大学
	片山　豪	筑波大学
	高松達弥	法政大学
	細川良太	工学院大学
	伯耆原洋太	早稲田大学
	石井義章	〃
	塩塚勇二郎	〃
	徳永悠希	神戸大学
	小林大祐	〃
	李　海寧	〃
佳作	渡邉光太郎	東海大学
	下田奈祐	〃
	竹中祐人	千葉大学
	伊藤　彩	〃
	今井沙耶	〃
	弓削一平	〃
	門田晃明	関西大学
	川辺　隼	〃
	近藤拓也	〃
（タジマ奨励賞）	手銭光明	近畿大学
	青戸貞治	〃
	羽藤文人	〃
	香武秀和	熊本大学
	井野天平	〃
	福本拓馬	〃
	白濱有紀	熊本大学
	有谷友孝	〃
	中園はるか	〃
	徳永孝平	九州大学
	赤田心太	〃
タジマ奨励賞	島崎　翔	日本大学
	浅野康成	〃
	大平晃司	〃
	髙田汐莉	〃
	鈴木あいね	日本女子大学
	守屋佳代	〃
	安藤彰悟	愛知工業大学
	廣澤克典	名古屋工業大学
	川上咲久也	日本女子大学
	村越万里子	〃
	関里佳人	日本大学
	坪井文武	〃
	李　翠婷	〃
	阿師村珠実	愛知工業大学
	猪飼さやか	〃
	加藤優思	〃
	田中隆一朗	〃
	細田真衣	〃
	牧野俊弥	〃
	松本彩伽	〃
	三井杏久里	〃
	宮城喬平	〃
	渡邉裕二	〃
	西村里美	崇城大学
	河井良介	〃
	野田佳和	〃
	平尾一真	〃
	吉田　剣	〃
	野口雄太	九州大学
	奥田祐大	〃

●2014　建築のいのち

順位	氏　名	所　　属
最優秀賞	野原麻由	信州大学
優秀賞	杣川真美	千葉大学
	末次猶輝	〃
	高橋勇人	〃
	宮崎智史	〃
優秀賞（タジマ奨励賞）	泊裕太郎	西日本工業大学

（　）はタジマ奨励賞と重賞

順位	氏　名	所　　属
優秀賞	野田佳和 浦川祐一 江上史恭 江嶋大輔	崇城大学 〃 〃 〃
佳作	金尾正太郎 向山佳穂	東北大学 〃
	猪俣　馨 岡武和規	東京理科大学 〃
	竹之下賞子 小林尭礼 齋藤　弦	千葉大学 〃 〃
	松下和輝 黄　亦謙 奥山裕貴 HUBOVA TATIANA	関西大学 〃 〃 関西大学院外研究生
	佐藤洋平 川口祥茄	早稲田大学 広島工業大学
	手銭光明 青戸貞治 板東孝太郎	近畿大学 〃 〃
	吉田優子 李　春炫 土井彰人 根谷拓志	九州大学 〃 〃 〃
	髙橋　卓 辻佳菜子 関根卓哉	東京理科大学 〃 〃
タジマ奨励賞	畑中克哉	京都建築大学
	白旗勇太 上田将人 岡田　遼 宍倉百合奈	日本大学 〃 〃 〃
	松本寛司	前橋工科大学
	中村沙樹子 後藤あづさ	日本女子大学 〃
	鳥山佑太 出向　壮	愛知工業大学 〃
	川村昂大	高知工科大学
	杉山雄一郎 佐々木翔多 高尾亜利沙	熊本大学 〃 〃
	鈴木龍一 宮本薫平 吉海雄大	熊本大学 〃 〃

●2015　もう一つのまち・もう一つの建築

順位	氏　名	所　　属
最優秀賞	小野竜也 蒲健太朗 服部奨馬	名古屋大学 〃 〃
	奥野智士 寺田桃子 中野圭介	関西大学 〃 〃
優秀賞 （タジマ奨励賞）	村山大騎 平井創一朗	愛知工業大学 〃
（タジマ奨励賞）	相見良樹 相川美波 足立和人 磯崎祥吾 木原真慧 中山敦仁 廣田貴之 藤井彬人 藤岡宗杜	大阪工業大学 〃 〃 〃 〃 〃 〃 〃 〃
	中馬啓太 銅田匠馬 山中晃	関西大学 〃 〃

順位	氏　名	所　　属
優秀賞	市川雅也 廣田竜介 松﨑篤洋	立命館大学 〃 〃
佳作	市川雅也 寺田　穂	立命館大学 〃
	宮垣知武	慶應義塾大学
（タジマ奨励賞）	河口名月 大島泉奈 沖野琴音 鈴木来未	愛知工業大学 〃 〃 〃
	大村公亮	信州大学
	藤江眞美 後藤由子	愛知工業大学 〃
（タジマ奨励賞）	片岡　諒 岡田大洋 妹尾さくら 長野公輔 藤原俊也	摂南大学 〃 〃 〃 〃
タジマ奨励賞	直井美の里 三井崇司	愛知工業大学 〃
	上東寿樹 赤岸一成 林　聖人 平田祐太郎	広島工業大学 〃 〃 〃
	西村慎哉 岡田直果 阪口雄大	広島工業大学 〃 〃
	武谷　創	九州大学

●2016　残余空間に発見する建築

順位	氏　名	所　　属
最優秀賞	奥田祐大 白鳥恵理 中田寛人	横浜国立大学 〃 〃
優秀賞	後藤由子 長谷川敦哉	愛知工業大学 〃
	廣田竜介	立命館大学
佳作	前田直哉 高瀬　修 田中雄大 柳沢伸也	早稲田大学 早稲田大学 東京大学 やなぎさわ建築設計室
	道ノ本健大	法政大学
	北村　将 藤枝大樹 市川綾音	名古屋大学 〃 〃
	大村公亮 出田麻子 上田彬央	信州大学 〃 〃
	倉本義己 中山絵理奈 村上真央	関西大学 〃 〃
	伊達一穂	東京芸術大学
	市場靖崇 藤井隆道	近畿大学 〃
	森　知史 山口薫平	東京理科大学 〃
	高橋豪志郎 北村晃一 野嶋淳平 村田晃一	九州大学 〃 〃 〃
タジマ奨励賞	宮嶋悠輔 門口稚奈 谷　醒龍 濱嶋杜人	日本大学 〃 〃 〃
	久崎雅隆 竹田来任 松枝　朝	日本大学 〃 〃

順位	氏　名	所　　属
タジマ奨励賞	福住　陸 郡司育己 山崎令奈	日本大学 〃 〃
	西尾勇輝 大塚謙太郎 杉原広起	日本大学 〃 〃
	伊藤啓人 大山兼五	愛知工業大学 〃
	木尾卓矢 有賀健造 杉山敦美 小林竜一	愛知工業大学 〃 〃 〃
	山本雄一 西垣佑哉	豊田工業高等専門学校 〃
	田上瑛莉香 實光周作 流　慶斗	近畿大学 〃 〃
	蓑原梨里花 井上由理佳 末吉真也 野田崇子	近畿大学 〃 〃 〃
	本山翔伍 北之園裕子 倉岡進吾 佐々木麻結 松田寛敬	鹿児島大学 〃 〃 〃 〃

●2017　地域の素材から立ち現れる建築

順位	氏　名	所　　属
最優秀賞	竹田幸介	名古屋工業大学
	永井拓生 浅井翔平 芦澤竜一 中村　優 堀江健太	滋賀県立大学 〃 〃 〃 〃
優秀賞	中津川銀司	新潟大学
	前田智洋 外薗寿樹 山中雄登 山本恵里佳	九州大学 〃 〃 〃
佳作	原　大介	札幌市立大学
（タジマ奨励賞）	片岡裕貴 小倉畑昂祐 熊谷僚馬 樋口圭太	名古屋大学 〃 〃 〃
	浅井漱太 伊藤啓人 嶋田貴仁 見野綾子	愛知工業大学 〃 〃 〃
（タジマ奨励賞）	中村圭佑 赤堀厚史 加藤柚衣 佐藤未来	日本大学 〃 〃 〃
	小島尚久 鈴木彩伽 東　美弦	神戸大学 〃 〃
	川添浩輝 大崎真幸 岡　実侑 加藤駿吾 中川栞里	神戸大学 〃 〃 〃 〃
	鈴木亜生	ARAY Architecture
タジマ奨励賞	金井里佳 大塚将貴	九州大学 〃
	木村優介 高山健太郎 田口　愛 宮澤優夫 脇田優奈	愛知工業大学 〃 〃 〃 〃

順位	氏名	所属
タジマ奨励賞	小室昴久 上山友理佳 北澤一樹 清水康之介	日本大学 〃 〃 〃
	明庭久留実 菊地留花 中川直樹 中川姫華	豊橋技術科学大学 〃 〃 〃
	玉井佑典 川岡聖夏	広島工業大学 〃
	竹國亮太 大村絵理子 土居脇麻衣 直永亮明	近畿大学 〃 〃 〃
	朴　裕理 福田和生 福留　愛	熊本大学 〃 〃
	坂本磨美 荒巻充貴紘	熊本大学 〃

（　）はタジマ奨励賞と重賞

住宅に住む、そしてそこで稼ぐ

2018年度日本建築学会設計競技優秀作品集

定価はカバーに表示してあります。

2019年1月10日　1版1刷発行　ISBN 978-4-7655-2608-1 C3052

編　　者　一般社団法人日本建築学会

発 行 者　長　　滋　　彦

発 行 所　技報堂出版株式会社

〒101-0051　東京都千代田区神田神保町1-2-5

電　　話　営　業（03）（5217）0885

編　集（03）（5217）0881

F A X（03）（5217）0886

振替口座　00140-4-10

http://gihodobooks.jp/

日本書籍出版協会会員
自然科学書協会会員
土木・建築書協会会員

Printed in Japan

装幀　ジンキッズ　印刷・製本　朋栄ロジスティック

落丁・乱丁はお取り替えいたします。